Die Geruchsmarke als Gemeinschaftsmarke

Veröffentlichungen des Instituts
für deutsches und europäisches Wirtschafts-,
Wettbewerbs- und Regulierungsrecht
der Freien Universität Berlin

Herausgegeben von Franz Jürgen Säcker

Band 21

PETER LANG
Frankfurt am Main · Berlin · Bern · Bruxelles · New York · Oxford · Wien

Cathrin Isenberg

Die Geruchsmarke als Gemeinschaftsmarke

Schutzfähigkeit und Einsatzmöglichkeiten

PETER LANG
Internationaler Verlag der Wissenschaften

Bibliografische Information der Deutschen Nationalbibliothek
Die Deutsche Nationalbibliothek verzeichnet diese Publikation in der
Deutschen Nationalbibliografie; detaillierte bibliografische
Daten sind im Internet über http://dnb.d-nb.de abrufbar.

Zugl.: Berlin, Freie Univ., Diss., 2010

Gedruckt auf alterungsbeständigem,
säurefreiem Papier.

D 88
ISSN 1863-494X
ISBN 978-3-631-61129-6
© Peter Lang GmbH
Internationaler Verlag der Wissenschaften
Frankfurt am Main 2011
Alle Rechte vorbehalten.

Das Werk einschließlich aller seiner Teile ist urheberrechtlich
geschützt. Jede Verwertung außerhalb der engen Grenzen des
Urheberrechtsgesetzes ist ohne Zustimmung des Verlages
unzulässig und strafbar. Das gilt insbesondere für
Vervielfältigungen, Übersetzungen, Mikroverfilmungen und die
Einspeicherung und Verarbeitung in elektronischen Systemen.

www.peterlang.de

Meinen Eltern

Vorwort

Die Verwendung von Duft nimmt im Marketing immer mehr zu. Von zentraler Bedeutung ist dabei, ob eine Geruchsmarke eintragungsfähig ist und wie sie eingesetzt werden könnte. Hiermit beschäftigt sich die vorliegende Arbeit.

Die Arbeit ist am Institut für deutsches und europäisches Wirtschafts-, Wettbewerbs- und Regulierungsrecht der Freien Universität Berlin entstanden. Die Verteidigung fand am 16. Juli 2010 statt.

Ich bedanke mich besonders herzlich bei meinem Doktorvater, Herrn Professor Dr. Dr. Franz Jürgen Säcker, für seine Geduld und Gutmütigkeit. Er hat mir für meine Arbeit einen besonders großzügigen Freiraum eingeräumt und mich bei Bedarf schnell und unkompliziert unterstützt.

Herrn Professor Dr. Frank Bayreuther danke ich für die schnelle Erstellung des Zeitgutachtens. Herrn Professor Dr. Martin Schwab danke ich für seine Mühe während des Promotionsverfahrens und seinen Beistand während der mündlichen Prüfung.

Besonders danke ich auch meinen Eltern für ihre immerwährende Unterstützung. Meiner Schwägerin danke herzlich ich für die mühevolle Arbeit des Korrekturlesens. Schließlich danke ich meinem Mann, der mir als Diskussionspartner und Probeleser stets Hilfe geleistet hat. Außerdem hat er mich zu der Inangriffnahme dieser Arbeit und zum Durchhalten bis zur Fertigstellung ermutigt.

Hamburg, im September 2010   Cathrin Isenberg

Inhaltsübersicht

Einleitung 17
1. Teil: Schutzfähigkeit von Geruchsmarken 19
   1 Historischer Hintergrund 19
   2 Geruch als Marke 20
   3 Schutzfähigkeit 25
2. Teil: Einsatzmöglichkeiten von Geruchsmarken 77
   1 Geruchsmarke als Kommunikationsmedium 77
   2 Technische Umsetzung 78
   3 Konkrete Einsatzmöglichkeiten 83
   4 Duftdesign 110
   5 Zwischenergebnis: Einsatzmöglichkeiten von Geruchsmarken ... 111
Fazit 113
Literaturverzeichnis 115

Inhaltsverzeichnis

Einleitung 17

1. Teil: Schutzfähigkeit von Geruchsmarken 19
  1 Historischer Hintergrund 19
  2 Geruch als Marke 20
    2.1 Der Geruchssinn 20
    2.2 Erinnerungswirkung von Gerüchen 22
    2.3 Zurückhaltende Einsetzung 23
  3 Schutzfähigkeit 25
    3.1 Markenfähigkeit, Art. 4 GMV 26
      3.1.1 Zeichen 27
      3.1.2 Graphische Darstellbarkeit 27
        3.1.2.1 Unmittelbare elektronische Darstellung 28
        3.1.2.2 Mittelbare graphische Darstellung 30
          3.1.2.2.1 Wörtliche Auslegung 30
          3.1.2.2.2 Teleologische Auslegung 31
          3.1.2.2.3 Bestimmtheit 33
          3.1.2.2.4 Gemeinsame Erklärung von Rat und Kommission ... 33
          3.1.2.2.5 Rechtsprechung des EuGH 34
          3.1.2.2.6 Zwischenergebnis: mittelbare graphische Darstellung ... 35
        3.1.2.3 Mittelbare Darstellung anhand von Surrogaten 35
          3.1.2.3.1 Chemische Formel 36
          3.1.2.3.1.1 Verständlichkeit 38
          3.1.2.3.1.2 Darstellung der Substanz 40
          3.1.2.3.1.3 Zwischenergebnis: chemische Formel 40
          3.1.2.3.2 Rezeptur und chemische Verfahrensbeschreibung ... 41
          3.1.2.3.3 Wörtliche Beschreibung 42
          3.1.2.3.3.1 Wörtliche Beschreibung in Alltagssprache ... 42
          3.1.2.3.3.1.1 Internationaler Umgang mit Geruchsmarken ... 43
          3.1.2.3.3.1.1.1 Neuseeland und Australien 43
          3.1.2.3.3.1.1.2 USA 44
          3.1.2.3.3.1.1.3 EU 44
          3.1.2.3.3.1.1.3.1 Entscheidung „Duft von frisch geschnittenem Gras" ... 44
          3.1.2.3.3.1.1.3.2 Entscheidung „Duft von Himbeeren" 46
          3.1.2.3.3.1.1.3.3 Entscheidung „Odeur de fraise mûre" 46
          3.1.2.3.3.1.1.3.4 Entscheidung „Sieckmann" 47
          3.1.2.3.3.1.2 Zwischenergebnis: wörtliche Beschreibung in Alltagssprache ... 47
          3.1.2.3.3.2 Wörtliche Beschreibung aufgrund eines Klassifikationssystems ... 48

3.1.2.3.3.2.1 Historische Klassifikationen ... 48
3.1.2.3.3.2.2 Klassifikation der Parfümeure ... 50
3.1.2.3.3.2.3 Beschreibung durch den allgemein gebräuchlichen
Stoffnamen ... 51
3.1.2.3.3.2.4 Zwischenergebnis: wörtliche Beschreibung aufgrund eines
Klassifikationssystems ... 51
3.1.2.3.4 Abbildung des den Duft verströmenden Objekts ... 51
3.1.2.3.5 Gaschromatograph ... 52
3.1.2.3.6 Massenspektroskopie ... 53
3.1.2.3.7 Elektronische Nase ... 54
3.1.2.3.8 Probe und Beschaffungsadresse ... 56
3.1.2.3.8.1 Stabilität und Dauerhaftigkeit einer Geruchsprobe ... 56
3.1.2.3.8.2 Identifizierbarkeit des Geruchs aus dem Register ... 57
3.1.2.3.8.3 Anforderungen an mittelbare Darstellung ... 58
3.1.2.3.8.4 Zwischenergebnis: Probe und Beschaffungsadresse ... 58
3.1.2.3.9 Kombination mehrerer Surrogate ... 59
3.1.2.3.10 Zwischenergebnis: mittelbare Darstellung anhand von
Surrogaten ... 60
3.1.3 Abstrakte Unterscheidungskraft ... 61
3.1.4 Zwischenergebnis: Markenfähigkeit ... 64
3.2 Eintragungsfähigkeit ... 64
3.2.1 Fehlende Markenfähigkeit, Art. 7 Abs. 1 lit. a) GMV ... 65
3.2.2 Fehlende Unterscheidungskraft, Art. 7 Abs. 1 lit. b) GMV ... 65
3.2.2.1 Akute Herkunftsfunktion ... 67
3.2.2.2 Latente Herkunftsfunktion ... 68
3.2.2.3 Zwischenergebnis: konkrete Unterscheidungskraft ... 69
3.2.3 Beschreibende Angaben, Art. 7 Abs. 1 lit. c) GMV ... 69
3.2.4 Gattungsbezeichnung, Art. 7 Abs. 1 lit. d) GMV ... 72
3.2.5 Form oder Aufmachung der Ware, Art. 7 Abs. 1 lit. e) GMV ... 73
3.2.6 Verstoß gegen die öffentliche Ordnung oder gegen
die guten Sitten, Art. 7 Abs. 1 lit. f) GMV ... 74
3.2.7 Täuschungseignung der Marke, Art. 7 Abs. 1 lit. g) und j) GMV ... 74
3.2.8 Geschütze Hoheitszeichen, Embleme usw.,
Art. 7 Abs. 1 lit. h) und i) GMV ... 75
3.2.9 Geographische Angabe, Art. 7 Abs. 1 lit. j) GMV ... 75
3.2.10 Hindernisse in nur einem Teil der Gemeinschaft,
Art. 7 Abs. 2 GMV ... 75
3.2.11 Zwischenergebnis: Eintragungsfähigkeit ... 76
3.3 Zwischenergebnis: Schutzfähigkeit ... 76

2. Teil: Einsatzmöglichkeiten von Geruchsmarken ... 77
1 Geruchsmarke als Kommunikationsmedium ... 77

2 Technische Umsetzung ... 78
2.1 Raumgestaltung mit Duftstoffen ... 78
2.1.1 Duftlampen ... 78
2.1.2 Ventilatoren mit Verdunstungsflies ... 78
2.1.3 Elektronische Hitzeverdunster ... 79
2.1.4 Zerstäubersysteme ... 79
2.1.5 Kalt-Verdunstungssysteme ... 79
2.1.5.1 Tropfsysteme ... 79
2.1.5.2 Kapillarsysteme ... 80
2.1.5.3 Rückhaltesysteme ... 80
2.1.5.4 Zwischenergebnis: Kalt-Verdunstungssysteme ... 80
2.1.6 Zwischenergebnis: Raumgestaltung mit Duftstoffen ... 80
2.2 Beduftung von Druckerzeugnissen und Textilien ... 81
2.2.1 Mikroverkapselung ... 81
2.2.2 Kaschierung durch Kunststofffolie ... 82
2.2.3 Anwendungsmöglichkeiten der Beduftung von
Druckerzeugnissen und Textilien ... 82
2.3 Zwischenergebnis: technische Umsetzung ... 83
3 Konkrete Einsatzmöglichkeiten ... 83
3.1 Geruchsmarke für Waren der Klasse 2 ... 83
3.1.1 Markenfähigkeit, Art. 7 Abs. 1 lit. a) GMV ... 84
3.1.2 Konkrete Unterscheidungskraft, Art. 7 Abs. 1 lit. b) GMV ... 84
3.1.3 Beschreibende Angaben und Gattungsbezeichnung,
Art. 7 Abs. 1 lit. c) und d) GMV ... 84
3.1.4 Sonstige Eintragungshindernisse gemäß
Art. 7 Abs. 1 lit. e) – j) GMV ... 84
3.1.5 Zwischenergebnis: Geruchsmarke für Waren der Klasse 2 ... 84
3.2 Geruchsmarke für Waren der Klasse 3 ... 85
3.2.1 Parfum ... 85
3.2.1.1 Markenfähigkeit, Art. 7 Abs. 1 lit. a) GMV ... 85
3.2.1.2 Konkrete Unterscheidungskraft, Art. 7 Abs. 1 lit. b) GMV ... 85
3.2.1.3 Beschreibende Angaben und Gattungsbezeichnung,
Art. 7 Abs. 1 lit. c) und d) GMV ... 86
3.2.1.4 Selbständigkeit, Art. 7 Abs. 1 lit. e) GMV ... 86
3.2.1.5 Verstoß gegen die öffentliche Ordnung oder gegen
die guten Sitten, Täuschungseignung der Marke, geschützte
Hoheitszeichen, Embleme usw., Art. 7 Abs. 1 lit. f) – j) GMV ... 87
3.2.1.6 Zwischenergebnis: Parfum ... 87
3.2.2 Andere Körper- und Schönheitspflegeartikel ... 88
3.2.2.1 Konkrete Unterscheidungskraft, Art. 7 Abs. 1 lit. b) GMV ... 88
3.2.2.2 Beschreibende Angaben, Art. 7 Abs. 1 lit. c) GMV ... 89
3.2.2.3 Gattungsbezeichnung, Art. 7 Abs. 1 lit. d) GMV ... 89

3.2.2.4 Selbständigkeit, Art. 7 Abs. 1 lit. e) GMV 89
3.2.2.5 Zwischenergebnis: andere Körper- und Schönheitspflegeartikel ... 91
3.2.3 Putz- und Waschmittel 91
3.2.3.1 Konkrete Unterscheidungskraft, Art. 7 Abs. 1 lit. b) GMV 91
3.2.3.2 Beschreibende Angaben, Art. 7 Abs. 1 lit. c) GMV 91
3.2.3.3 Selbständigkeit, Art. 7 Abs. 1 lit. e) GMV 92
3.2.3.4 Zwischenergebnis: Putz- und Waschmittel 93
3.2.4 Ätherische Öle und Lufterfrischer 93
3.3 Geruchsmarke für Waren der Klasse 4 93
3.3.1 Konkrete Unterscheidungskraft, Art. 7 Abs. 1 lit. b) GMV 93
3.3.2 Selbständigkeit, Art. 7 Abs. 1 lit. e) GMV 95
3.3.3 Zwischenergebnis: Geruchsmarke für Waren der Klasse 4 96
3.4 Geruchsmarke für Waren der Klasse 5 97
3.5 Geruchsmarke für Waren der Klasse 7 97
3.6 Geruchsmarke für Waren der Klasse 8 97
3.7 Geruchsmarke für Waren der Klasse 9 97
3.8 Geruchsmarke für Waren der Klasse 12 98
3.8.1 Konkrete Unterscheidungskraft, Art. 7 Abs. 1 lit. b) GMV 98
3.8.2 Beschreibende Angaben, Art. 7 Abs. 1 lit. c) GMV 98
3.8.3 Gattungsbezeichnung, Art. 7 Abs. 1 lit. d) GMV 98
3.8.4 Selbständigkeit, Art. 7 Abs. 1 lit. e) GMV 98
3.8.5 Täuschungseignung der Marke, Art. 7 Abs. 1 lit. g) GMV 99
3.8.6 Beispiele aus der Praxis 99
3.8.7 Zwischenergebnis: Geruchsmarke für Waren der Klasse 12 100
3.9 Geruchsmarke für Waren der Klasse 16 100
3.10 Geruchsmarke für Waren der Klasse 18 101
3.10.1 Konkrete Unterscheidungskraft, beschreibende Angaben
und Selbständigkeit, Art. 7 Abs. 1 lit. b, c), e) GMV 101
3.10.2 Täuschungseignung der Marke, Art. 7 Abs. 1 lit. g) GMV 101
3.10.3 Zwischenergebnis: Geruchsmarke für Waren der Klasse 18 101
3.11 Geruchsmarke für Waren der Klasse 25 101
3.12 Geruchsmarke für Waren der Klasse 26 102
3.13 Geruchsmarke für Waren der Klasse 28 102
3.14 Geruchsmarke für Waren der Klassen 29, 30, 32 und 33 103
3.14.1 Natürliche Gerüche 103
3.14.1.1 Konkrete Unterscheidungskraft, Art. 7 Abs. 1 lit. b) GMV 103
3.14.1.2 Beschreibende Angaben, Art. 7 Abs. 1 lit. c) GMV 103
3.14.1.3 Selbständigkeit, Art. 7 Abs. 1 lit. e) GMV 103
3.14.2 Produktunabhängige Gerüche 104
3.14.2.1 Konkrete Unterscheidungskraft, Art. 7 Abs. 1 lit. b) GMV 104
3.14.2.2 Beschreibende Angaben, Art. 7 Abs. 1 lit. c) GMV 105
3.14.2.3 Selbständigkeit, Art. 7 Abs. 1 lit. e) GMV 105

3.14.2.4 Täuschungseignung der Marke, Art. 7 Abs. 1 lit. g) GMV 106
3.14.3 Zwischenergebnis: Geruchsmarke für Waren
der Klassen 29, 30, 32 und 33 106
3.15 Geruchsmarke für Waren der Klasse 31 106
3.16 Geruchsmarke für Waren der Klasse 34 107
3.17 Geruchsmarke für Dienstleistungen 107
    3.17.1 Konkrete Unterscheidungskraft, Art. 7 Abs. 1 lit. b) GMV 107
    3.17.2 Beschreibende Angaben, Art. 7 Abs. 1 lit. c) GMV 108
    3.17.3 Selbständigkeit, Art. 7 Abs. 1 lit. e) GMV 109
    3.17.4 Zwischenergebnis: Geruchsmarke für Dienstleistungen 109
4 Duftdesign 110
    4.1 Luxusgüter 110
    4.2 Schulungsräume und Büros 110
    4.3 Dienstleistungen 111
5 Zwischenergebnis: Einsatzmöglichkeiten von Geruchsmarken 111

Fazit 113

Literaturverzeichnis 115

Einleitung

Im Zuge eines sich stetig verstärkenden, globalisierten Wettbewerbs wird es für jedes Unternehmen ständig wichtiger, im Marktgeschehen auf sich und seine Produkte aufmerksam zu machen. Hierfür eignen sich Marken. Marken sind häufig die größten Vermögensgegenstände von Unternehmen. Produktionsanlagen oder Absatzsysteme treten dahinter zurück.

Aber allein in Deutschland gibt es momentan im Konsumgüterbereich mehr als 50.000 Marken, die aktiv beworben werden. Allein 20.000 Marken findet der Verbraucher in den Regalen eines größeren Supermarktes. In Zukunft ist mit einem weiteren Anstieg über alle Branchen hinweg zu rechnen. Werbung prasselt daher von allen Seiten auf die Kunden ein: Plakate, Werbespots, Anzeigen und vieles mehr. Im Schnitt sind es in der westlichen Welt täglich 6.000 akustische und visuelle Werbebotschaften.[1] Angesichts dieser Informationsüberflutung ist es nicht ganz einfach, eine neue Marke in die Köpfe der Zielgruppe zu bekommen. Marketingexperten wissen, dass diese Botschaften immer seltener wahrgenommen werden. Bei den Marken handelt es sich vornehmlich um visuelle und teilweise auch auditive Marken. Augen und Ohren haben aber gelernt, Unwichtiges von Wichtigem zu unterscheiden. Daher können die Verbraucher viele dieser Reize ausblenden. Durch die vor allem visuelle Überreizung und die damit einhergehende Ignorierung vieler Marken durch den Verbraucher, wird es für die Unternehmen immer schwieriger die Aufmerksamkeit der Verbraucher mit visuellen Marken zu erregen.

Demgegenüber werden die anderen Sinne des Menschen bisher kaum zu Werbezwecken eingesetzt. Aber gerade dem Einfluss von Gerüchen beispielsweise können sich die Verbraucher kaum entziehen. Düfte können den Kunden ganz anders erreichen als andere Markenformen. In der Kommunikation eingesetzt, ist der Duft ein Informationsmedium, das eine bisher unvorstellbare Emotionalität und damit Glaubwürdigkeit und Kompetenz in die Wahrnehmung von Produkt- und Markenwelten bringt. Kommunikation erhält durch Duft neuen Spielraum zur kreativen Entfaltung. Neben die Erzeugung emotionaler Kauf- und Produkterlebnisse tritt eine den Konsumenten aktivierende Auslösefunktion der Duftstoffe, die gerade vor dem Hintergrund einer hohen Informationsüberlastung für die Wahrnehmung von Produkten und Kommunikationsmaßnahmen nicht zu unterschätzen ist.[2]

Für den Einsatz von Geruchsmarken spricht außerdem, dass sie zu den Marken gehören, die über Sprachgrenzen hinweg international verständlich sind.

---

1 Wirtschaftswoche Nr. 21 vom 18.05.2009 S. 137 „Duftmarken".
2 So auch Schubert/ Hehn in Bruhn S. 1247.

Für den Markt der Europäischen Union (EU) könnte diesen nicht sprachbasierten Marken daher eine besondere Bedeutung zukommen.³

Zudem schreitet die Entwicklung der Technologie zur Wiedergabe von Düften immer weiter voran. Die Beduftung von Waren und der Einsatz von Duft im Zusammenhang mit Dienstleistungen sind technisch immer besser umsetzbar. Gerüche eignen sich daher besonders zur Aufmerksamkeits- und Absatzsteigerung durch Beduftung der Waren oder dem Einsatz von Düften im Zusammenhang mit Dienstleistungen und müssten daher vermehrt in Marketingstrategien der Unternehmen aufgenommen werden.

Den Praktikern des Marketings ist der Umgang mit der Sensorik auch längst vertraut. Das Design von Düften ist ein wesentlicher Bestandteil einer innovativen Marken- und Produktstrategie.⁴ Die Entwicklung von Duftkompositionen und Riechstoffen ist sowohl zeitlich als auch finanziell häufig sehr aufwendig. Der fertige Duft kann aber wesentlich zum Marken- und Produktwert beitragen. Von daher haben Unternehmen ein großes Interesse daran, ihre Düfte vor Nachahmungen bestmöglich – und damit auch rechtlich – zu schützen. Der Schutz eines Duftes erfolgt bislang jedoch zumeist lediglich über seine streng geheim gehaltene Rezeptur. Doch mit modernen Analyseverfahren ist es mittlerweile möglich, die meisten Bestandteile eines Duftes von der Art und Menge her zu erfassen und damit nachzubilden. Ein markenrechtlicher Schutz für Düfte ist daher geboten.

Dennoch wurden bisher nur vereinzelt Versuche unternommen Gerüche als Marken eintragen zu lassen.⁵ In der Praxis kommt den Geruchsmarken kaum Bedeutung zu. Geruchsmarken werden nicht als Wirtschaftsgüter genutzt. Dies könnte an der zuletzt ablehnenden Rechtsprechung⁶ liegen und der damit verbundenen Scheu der Unternehmen in diesen Bereich zu investieren.

Deshalb muss den Unternehmen die Scheu vor der Nutzung von Geruchsmarken genommen und aufgezeigt werden, dass sich Gerüche als Marken eignen und dem auch keine rechtlichen Bedenken entgegenstehen.

---

3   Hildebrandt, MarkenR 2002, 4, Novak S. 155.
4   Fezer, WRP 2000, 7.
5   So wurde gerade die Eintragung der ersten Geruchsmarke (HABM (2. Beschwerdekammer), WRP 1999, 681 – The smell of fresh cut grass) als Gemeinschaftsmarke viel kritisiert.
6   Der EuGH hat in seiner Leitentscheidung zur Geruchsmarke (EUGH, GRUR Int. 2003, 449 ff. – Sieckmann) deren Eintragung abgelehnt.

1. Teil: Schutzfähigkeit von Geruchsmarken

Gerüche müssten markenrechtlich schutzfähig sein.

1 Historischer Hintergrund

Als sinnlich fassbare Mittel, durch die den Verbrauchern Ursprung und Herkunft von Waren und Dienstleistungen verbürgt werden, waren ursprünglich nur Bildzeichen anerkannt. Später wurden dann auch Wortzeichen und aus Wort und Bild gemischte Zeichen zugelassen. Geruchsmarken wurden nach der Rechtslage des Warenzeichengesetzes (WZG)[7] nicht als eintragungsfähig angesehen.[8] Das Reichspatentamt begründete die Eintragungsunfähigkeit von Hörmarken sogar mit einer eindringlichen Warnung vor der Zulässigkeit von „Tast-, Schmeck- und Riechzeichen". Bis zuletzt hatte die Rechtsprechung das WZG dahin ausgelegt, dass nur zweidimensionale Zeichenformen eintragungsfähig seien.

Das Unverständnis gegenüber neuen Markenformen beruht seit alters her auf der Befürchtung einer schädlichen Monopolisierung von Zeichen, an denen im Interesse eines Freihaltebedürfnisses zum Schutz vor Wettbewerbsbeschränkungen der Allgemeingebrauch zu sichern sei.[9] Bei der Geruchsmarke existiere nicht die für einen warenzeichenmäßigen Gebrauch erforderliche Beziehung der Marke zur Ware.[10] Ferner bestehe für die Eintragung von Geruchsmarken kein wirtschaftliches Bedürfnis. Keine nationale Gesetzgebung sähe die Eintragung von Geruchsmarken vor. Das geringe Interesse an der Eintragung von Geruchsmarken rechtfertige zudem nicht die komplizierten administrativen und rechtlichen Probleme, die sich aus der Eintragung von Geruchsmarken ergeben würden.[11]

Demgegenüber gab es schon früh Stimmen, die sich für eine Beseitigung jeder Formschranke für das deutsche Markenrecht aussprachen. Danach sei nicht nachvollziehbar, warum eine Geruchsmarke nicht eintragungsfähig sein soll, solange der fragliche einprägsame Geruch genügend genau definierbar ist.[12] Die Überfüllung der bisher allein zugelassenen Formen der Bild- und Wortzeichen und ihrer Kombinationen fordere die Freigabe aller überhaupt denkbaren

---

7   Das gemeinschaftsrechtliche Markensystem gilt erst seit dem 1.4.1996. Die geschichtliche Auseinandersetzung mit der Geruchsmarke orientiert sich daher an der Rechtslage des deutschen WZG als nationale Markenrechtsordnung.
8   RPA, Bl. PMZ 1932, 17 f.
9   Siehe bei Fezer, WRP 1999, 577.
10 Baumbach/ Hefermehl § 1 WZG Rn 67.
11 AIPPI (Internationale Vereinigung für gewerblichen Rechtsschutz)-Kongressbericht 1989, GRUR Int. 1989, 912, 915, 923.
12 Tetzner, GRUR 1951, 68.

Markenformen.[13] Die Formfreiheit der Marken verstoße nicht gegen das Erfordernis der Eintragung der Marke in die flächengestaltete Zeichenrolle. Nicht die Eintragung der Marke selbst sei erforderlich, sondern es genüge die Eintragung einer Darstellung der Marke.[14]

Dem heutigen Bedürfnis nach neuen Wegen für eine aktive Markenpolitik wurde durch die Europäisierung des Markenrechts entsprochen. Durch die Erste Richtlinie des Rates der EG Nr. 89/104 zur Angleichung der Rechtsvorschriften der Mitgliedstaaten über die Marken vom 21.12.1988 – Abl. Nr. L 40/1 vom 11.2.1989 – (MRRL) werden die nationalen Markenrechtsordnungen in den Mitgliedstaaten der Gemeinschaft harmonisiert. Zusätzlich wurde ein gemeinschaftsrechtliches Markensystem aufgebaut, das neben den nationalen Markenrechtsordnungen besteht. Seit dem 1. April 1996 können Gemeinschaftsmarken im Harmonisierungsamt für den Binnenmarkt (HABM) in Alicante angemeldet werden. Dies hat einen nicht absehbaren Prozess der Veränderungen in Gang gesetzt. Vertraute Rechtsgrundsätze werden in Frage gestellt und zwingen zum Umdenken.[15] Auch der Weg für einen gemeinschaftsrechtlichen Schutz von Geruchsmarken wurde damit geöffnet.

2 Geruch als Marke

Fraglich ist, ob ein Geruch überhaupt als Marke fungieren kann. Die Marke ist Signalcode für eine Ware oder eine Dienstleistung zur Kommunikation zwischen den Akteuren im Marktgeschehen. Sie identifiziert ein Wirtschaftsgut eines Unternehmens und kommuniziert dessen unternehmerische Leistungen im Wirtschaftsverkehr.[16] Ein Duft müsste demnach, als sensorische Marke, geeignet sein, eine Ware oder eine Dienstleistung olfaktorisch zu identifizieren.[17]

2.1 Der Geruchssinn

Der Geruchssinn bildet zusammen mit dem Geschmackssinn den chemischen Sinn der Lebewesen. Er gehört entwicklungsgeschichtlich zu unseren ältesten Sinnen.[18] Im oberen Bereich der Nasenhöhle befinden sich zwei ca. vier Quadratzentimeter große Riechschleimhäute, die dicht mit Nervenzellen besetzt sind. Diese Zellen sind mit einer Vielzahl von Endungen ausgerüstet, die wie feine Härchen in den Nasenraum ragen. An den Riechhärchen befinden sich unterschiedlich geformte Rezeptoren. Die Duftmoleküle werden mit der Atem-

---

13 Aron, GRUR 1930, 1022.
14 Aron, GRUR 1930, 1022.
15 Knaak, GRUR Int. 2001, 665.
16 Fezer, WRP 1999, 576.
17 Fezer § 3 MarkenG Rn 606.
18 Kischkel S. 18; Knoblich/ Scharf/ Schubert S. 5.

luft durch die Nase eingesogen und zu den Rezeptoren transportiert. Dort reagieren verwandte Duftstoffmoleküle mit gemeinsamen, gleichartigen Rezeptoren. Dabei spielen die räumliche Form und auch die elektrische Ladung, Polarität, eine Rolle.

„Dockt" ein Molekül an einem passenden Rezeptor an, so wird ein elektrisches Signal – ein Reiz – an das Gehirn gesandt. Von den Nervenzellen in der Riechschleimhaut gehen eine Vielzahl von Fortsätzen aus, die sich in Form von Nervenfasern im oberen Nasenbereich bündeln. Die Nervenfaserbündel treten durch die Siebbeinplatte hinter der Nasenwurzel ins Gehirn ein, in einen Teil der Riechkolben genannt wird. Im Riechkolben enden jeweils hunderte dieser Nervenfasern. Hier findet die Vorselektion der Reize statt, die dann an Teile des Mittelhirns und an das so genannte Riechhirn weitergeleitet werden. Das Riechhirn gehört zu den entwicklungsgeschichtlich ältesten Großhirnteilen, die ihrerseits mit dem limbischen System verbunden sind, dem System also, das unsere Emotionen, unser Gefühlsleben steuert.[19]

Das menschliche Geruchssystem kann Tausende verschiedener Duftstoffe unterscheiden.[20] Die Wahrnehmungsschwelle, das heißt die Empfindung überhaupt einen Geruch wahrzunehmen, ist äußerst niedrig. Schon die Anwesenheit von 10 hoch 8 Molekülen eines Geruchsstoffes im Raum kann wahrgenommen werden. Darüber liegt die Erkennungsschwelle, also die Identifikation eines Geruches.

Allerdings ist der Geruchssinn im Gegensatz zum optischen Wahrnehmungsvermögen mangels ausreichend häufiger Konfrontation nicht so ausdifferenziert. Daher bestehen Zweifel, ob ein Geruch aufgrund der geringen Bedeutung des Geruchssinns als Marke geeignet ist. Dabei wird schnell verkannt, welche wichtigen Hinweise uns Gerüche geben und dadurch unser Verhalten sinnvoll steuern: uns fallen verdorbene Lebensmittel nicht zuletzt durch ihren Geruch auf und schützen so vor gesundheitsschädlichen Folgen; dass wir die bakteriellen Zersetzungsprodukte von Schweiß als unangenehm empfinden, veranlasst uns zu der notwendigen Körperhygiene; der Geruch vieler giftiger Substanzen, zum Beispiel Chlor, Stickoxide, Schwefeloxid, nimmt unsere Nase als unangenehm wahr und wir können diesen Stoffen ausweichen; und selbst für eine „biologisch sinnvolle" Partnerwahl scheint die Nase mitverantwortlich zu sein[21]. Außerdem lässt sich durch EEG-Messungen eine erhöhte Aktivität des Gehirns unter dem Einfluss von Gerüchen nachweisen. Die Alpha- und Betaaktivität steigert sich und besonders in der rechten, kreativen Hirnhälfte lässt sich eine verstärkte Aktivität messen. Gerüche eigenen sich folglich dafür Aufmerksamkeit zu erregen und dadurch als Marke zu fungieren.

---

19 H&R, Mit Sinn und Verstand, S. 6 f.
20 Brockhaus (Band 10) S. 589; Römpp-Lexikon Chemie (Band 2) S. 1512.
21 Daher kommt auch die Redewendung: „Jemanden (nicht) riechen können".

Dies verdeutlichen folgende Beispiele: Der amerikanische Neurologe und Psychiater Alan Hirsch beduftete im Kasino des Las Vegas Hilton verschiedene einarmige Banditen mit einer Essenz, von der er hoffte, dass sie die Spielfreude der Besucher anregen würde. Der Amerikaner stellte fest, dass die bedufteten Automaten 45 Prozent mehr einspielten als die unbedufteten.[22] Bei einem anderen Versuch begutachtete eine Gruppe von 35 Versuchspersonen in zwei identischen Räumen ein vollkommen gleiches Paar Sportschuhe. In einem Raum schwebte ein leichter Blütenduft, der andere war duftfrei. 85 Prozent der Versuchspersonen gaben an, dass ihnen der Sportschuh in dem bedufteten Raum besser gefiel als in dem anderen. Ebenso hat der Duft von Zitronen eine stimulierende Wirkung. Männer, die an Bildschirmen eintönige Überwachungsaufgaben zu verrichten hatten, waren aufgrund eines Zitronenduftes weniger müde, und japanische Sekretärinnen, die Zitronenduft atmeten, tippten bei Schreibarbeiten um 54 Prozent weniger daneben. Sogar Verhandlungen liefen bei einem Geruch von frischen Zitronen reibungsloser ab, da sich die Teilnehmer kompromissbereiter zeigten.[23]

2.2 Erinnerungswirkung von Gerüchen

Die Eignung von Gerüchen als Marke wird bestimmt durch die starke Erinnerungswirkung von Gerüchen. Gerüche sind eindeutig und unmittelbar. Infolge der besonderen assoziativen Kraft der Gerüche bedarf die geruchliche Gewöhnung und Gewohnheitsbildung nur einer einzigen Erfahrung, um für immer zu haften.[24] Diese Erinnerungswirkung findet ihre biologische Erklärung in einer engen Verbindung der Riechbahn mit dem limbischen System.[25]

Das limbische System ist maßgeblich an der Steuerung von emotionalen Verhaltensweisen, Orientierungs- und Aufmerksamkeitsreaktionen sowie Lernprozessen beteiligt.[26] Es bestimmt die Gefühlswelt, die Emotionen und die Erinnerungen. Gerüche, die man in der Kindheit kennen gelernt hat (zum Beispiel Babykosmetik), werden auch nach vielen Jahren als Erwachsener wieder erkannt und mit bestimmten Erlebnissen in Verbindung gebracht. Ein Geruch kann nach Jahren ein komplettes farbiges Erinnerungsbild hervorbringen, eine Person blind

---

22 Beat Grossenbacher (1998), Seminar Duftmarketing, Wangen an der Aare, S. 1, siehe http://www.grorymab.com/pdf/seminar.pdf (letzter Aufruf: 19.11.2009).
23 Beat Grossenbacher (1998), Seminar Duftmarketing, Wangen an der Aare, S. 1, siehe http://www.grorymab.com/pdf/seminar.pdf (letzter Aufruf: 19.11.2009).
24 Kischkel S. 20.
25 Hierzu Vester S. 21, der sich auf R. Cytowic: Farben hören, Töne schmecken. Die bizarre Welt der Sinne. (Berlin 1995) bezieht.
26 Brockhaus (Band 16) S. 800.

wieder erkennen lassen, inspirieren, stimulieren, Wohlbefinden oder Missstimmung erzeugen.[27]

Die enge Verknüpfung zwischen Gerüchen und Emotionen ist mit der Verarbeitung im Gehirn zu erklären. Die Amygdala spielt bei der Speicherung emotional betonter Gedächtnisinhalte eine besondere Rolle. Sie tritt jeweils paarig auf und ist ein Kerngebiet des Gehirns im medialen Teil des Temporallappens und Teil des limbischen Systems. Auch die Auslösung emotionaler Reaktionen wie Lachen oder Weinen findet dort statt. So werden Gerüche und emotionale Eindrücke gemeinsam verarbeitet und gespeichert. Gerüche werden infolgedessen stark gefühlsmäßig empfunden und interpretiert.

Der Geruch übernimmt außerdem eine signalisierende Rolle. Bei wiederholten Einkäufen bestätigt er die gleich bleibende Qualität des Produktes oder stellt diese in Frage.[28] Indem ein Duft vom Konsumenten unbewusst als Indikator für schwer verifizierbare Produkteigenschaften, etwa die Qualität einer Hautcreme oder die Wirksamkeit eines Desinfektionsmittels, herangezogen wird, beeinflusst dieser zunehmend die Produktwahl.[29] Dies wird beispielsweise von Waschmittelherstellern ausgenutzt, indem sie bei der Parfümierung ihrer Hausmarke das Parfum von Bestseller-Waschmitteln imitieren.[30] Düfte haben Aktivierungswirkung. Aktivierende Düfte haben Hinweischarakter, sie profilieren die Produktbotschaft und fungieren somit als prägender Teil einer Produktpersönlichkeit.[31]

Da die Marke nicht nur als Konsumorientierungshilfe für die Verbraucher, sondern auch als Transportmittel von Gefühlswelten, die an Status und gesellschaftliche Zuordnung gekoppelt sind, dient, ist gerade ein Geruch als Marke besonders geeignet.[32] Die große zeitliche Stabilität des Geruchsgedächtnisses lässt sich hervorragend zum Aufbau einer Markenbindung nutzen.[33]

2.3 Zurückhaltende Einsetzung

Trotz der aufgezählten Vorzüge werden Düfte von der Markenartikelindustrie als Instrument der Profilierung ihrer Erzeugnisse bisher nur zurückhaltend eingesetzt. Geruchsmarken wurden in der Europäischen Union bislang lediglich vereinzelt angemeldet.[34] Die Entwicklungen auf ausländischen Märkten

---

27 Bugdahl, MarkenR 2001, 444; Knoblich in Bruhn S. 850.
28 Jellinek, dragoco report 1991, 19.
29 Thilo S. 297.
30 Knoblich/ Scharf/ Schubert S. 7.
31 Knoblich/ Scharf/ Schubert S. 25.
32 So auch Grabrucker, GRUR 2001, 373.
33 Knoblich in Bruhn S. 857.
34 Beispielsweise in England (s. www.patent.gov.uk/tm.htm (letzter Aufruf 19.11.2009)): GB 2001416 "The trade mark is a floral fragrance/ smell reminiscent of roses applied to tyres" (Klasse 12); GB 2000234 "The trade mark comprises the strong smell of bitter

sprechen jedoch dafür, dass olfaktorische Produktkomponenten künftig stärker eingesetzt werden als bisher. In verschiedenen Ländern sind Geruchsmarken bereits anerkannt. So wurden Geruchsmarken beispielsweise in den USA[35], in

> beer applied for flights for darts" (Klasse 28); Benelux (s. http://register.boip.int/bmbonline/intro/show.do): BX 875407 "La marque consiste en l'odeur de l'herbe fraîchement coupée appliquée sur balles de tennis" (Klasse 28); Gemeinschaftsmarke (s. http://oami.europa.eu/de/db.htm): GM 3132404 "The mark consist of taste of oranges applied of the goods" für Klasse 5; GM 1807353 "The smell of vanilla" (Klassen 3, 5, 14, 16, 21, 25, 26, 30); GM 1254861 "El olor a limon" (Klasse 25); GM 1122118 "Duft reifer Erdbeeren" (Klassen 3, 16, 18, 25); GM 566596 "Besteht aus einem auf Amber und Holznoten basierenden Duft mit einer Basisnote von Virginiatabak und einer Kopfnote von Mazis" (Klasse 1); GM 521914 "Die Marke ist eine graphische Darstellung eines bestimmten Dufts. Note aus Grasgrün, Zitrusfrüchten (Bergamotte, Zitrone), Blumen (Orangenblüten, Hyazinthe), Rosen, Moschus." (Klassen 5, 16, 18, 24); GM 428870 "The smell of fresh cut grass" (Klasse 28).

35 Aus den USA sind gemäß Internetdatenbank Tess (s. www.uspto.gov/web/menu/search.html (letzter Aufruf 19.11.2009) unter "mark drawing code 6") u.a. folgende Geruchsmarken angemeldet/ eingetragen worden: US 78713424 "The mark consists of combusted nitro methane racing fuel scent of the goods" for "candles"; US 78649230 "The mark consists of a fragrance reminiscent of apple cider" for "office supplies; file folders"; US 78649175 "The mark consists of a fragrance reminiscent of peppermint" for "office supplies; file folders"; US 78641906 "The mark consists of a fragrance reminiscent of vanilla" for "office supplies; file folders"; US 78641895 "The mark consists of a fragrance reminiscent of peach" for "office supplies; file folders"; US 78641879 "The mark consists of a fragrance reminiscent of lavender" for " office supplies; file folders"; US 78641524 "The mark consists of a fragrance reminiscent of grapefruit" for " office supplies; file folders"; US 78483234 "The mark consists of a scent reminiscent of mint" for face masks for medical use"; US 78153509 "The mark consists of the citrus scent of the goods" for " an ignition product in the form of a fluid, gel, paste, wax or solid. Used to ignight carbonaceous solid fuel such as but not limited to charcoal, wood pellets and wood."; US 76621553 "The mark consists of the scent of strawberries impregnated in a toothbrush" for " toothbrushes impregnated with the scent of strawberries"; US 76504152 "The mark is a fresh fruity fragrance reminiscent of oranges" for " paint stripper; varnish stripper; paint remover; and all purpose removers, namely, remover of adhecives, lipstick, grease, wax, chewing gum, and sticky residue"; US 76079064 "The mark is a scent mark having the scent of bubble gum" for "oil based metal cutting and oil based metal removal fluid for industrial metal working"; US 75404020 "The mark consists of the almond scent of goods" for "lubricants and motor fuels for land vehicles, aircraft and watercraft"; US 75360106 "The mark consists of the tutti frutti scent of the goods" for "lubricants and motor fuels for land vehicles, aircraft and watercraft"; US 75360105 "The mark consists of the citrus scent of the goods" for "lubricants and motor fuels for land vehicles, aircraft and watercraft"; US 75360104 "The mark consists of the grape scent of the goods" for "lubricants and motor fuels for land vehicles, aircraft and watercraft"; US 75360103 "The mark consists of the bubble gum scent of goods" for "synthetic lubricants and motor fuels for land vehicles, aircraft and watercraft"; US 75360102 "The mark consists of the strawberry scent of goods" for "lubricants and motor fuels for land vehicles, aircraft and watercraft"; US 75120036

Australien[36] und in Neuseeland[37] angemeldet und vereinzelt auch eingetragen. In Australien und Neuseeland haben Geruchsmarken sogar im Gesetzestext Erwähnung gefunden.[38]

Für den vermehrten Einsatz von Gerüchen als Marken spricht außerdem die Möglichkeit, dass immer mehr Düfte synthetisch und damit kostengünstiger und in unbegrenzten Mengen hergestellt werden können. Es können daher immer neue Anwendungsfelder für Parfümierungen erschlossen werden. Einsatzmöglichkeiten für authentische Düfte eröffnen sich überall dort, wo Waren und Dienstleistungen nach einer Verbesserung und Erweiterung der inhaltlichen Gestaltungsmöglichkeiten der Kommunikation, nach Steigerung des Umsatzes und nach einer kreativen Führungsrolle suchen. Es kommt darauf an, Waren und Dienstleistungen nicht nur technisch und optisch gut zu gestalten, sondern auch den Geruch als Übermittler von Informationen und als Quelle emotionaler Zusatznutzen in die Produktplanung und -gestaltung, insbesondere in Markenartikelkonzepte, zu integrieren.[39]

3 Schutzfähigkeit[40]

Neben der besonderen Eignung von Düften als Marken zu fungieren, müssten Düfte, um als Marken eingetragen werden zu können, auch schutzfähig sein.

"The mark consists of a lemon fragrance" for "toner for digital laser printers, photocopiers, microfiche printers and telecopiers"; US 74720993 "The mark consists of a cherry scent" for "synthetic lubricants for high performance racing and recreational vehicles"; US 73758429 "The mark is a high impact, fresh, floral fragrance reminiscent of plumeria blossoms" for " sewing thread and embroidery yarn".

36 Gemäß Markendatenbank des Australischen Patentamts (s. http://pericles.ipaustralia.gov.au/atmoss/falcon.application_start): AU 700019 "The mark comprises the strong smell of bitter beer. The smell is used for flights of darts." (Klasse 28); AU 727820 "The mark comprises the scent of musk applied to human skin by hand painting the liquid scent over temporary tattoo transfers, stencils and other body art designs" (Klasse 3); AU 762286 "The mark comprises the scent of eucalyptus, including the eucalyptus scent derived from eucalyptus trees and/ or from eucalyptus essential oil " (Klasse 3); AU 821444 "The mark comprises the scent of coffee fragrance for self tan lotions and hair lotions, sun-preparations" (Klasse 3); AU 823865 "Scent of Melon Midori (Bronson and Jacobs)" (Klasse 3); AU 936188 "The trade mark comprises the smell of lemon for tabacco" (Klasse 34); AU 1065702 "The mark comprises the smell of lemon for tabacco" (Klasse 34).
37 Gemäß Markendatenbank des Neuseeländischen Patentamts (s. www.iponz.govt.nz/pls/web/dbsiten.main (letzter Aufruf 19.11.2009)): NZ 248231 "The mark consists of the smell of cinnamon" (Klasse 5).
38 Vgl. Trade Marks of Act of Australia 1995, Section 6; Trade Marks Act of New Zealand 2002, Section 5.
39 Knoblich in Bruhn S. 850.
40 Kritisch gegenüber dem Begriff „Fähigkeit" Tedesco, MarkenR 2000, 354.

Zeichen sind schutzfähig, wenn sie nach Art. 4 Gemeinschaftsmarkenverordnung (GMV) markenfähig sind und keine Eintragungshindernisse bestehen.

3.1 Markenfähigkeit, Art. 4 GMV

Markenfähigkeit ist die Fähigkeit eines Zeichens, Gegenstand markenrechtlichen Schutzes zu sein. Art. 4 GMV bestimmt die zum Schutz durch Eintragung zugelassenen Markenformen. Gemeinschaftsmarken können danach alle Zeichen sein, die sich graphisch darstellen lassen,[41] insbesondere Wörter einschließlich Personennamen, Abbildungen, Buchstaben, Zahlen und Formen oder Aufmachung der Ware, soweit solche Zeichen geeignet sind, Waren oder Dienstleistungen eines Unternehmens von denjenigen anderer Unternehmen zu unterscheiden. Fraglich ist, ob danach auch Geruchsmarken markenfähig sind. Diese Markenform ist in Art. 4 GMV nicht ausdrücklich genannt. Wie aus dem Gebrauch des Wortes „insbesondere" in Art. 4 GMV folgt, enthält dieser aber keine abschließende, sondern eine rein beispielhafte Aufzählung von Markenformen.[42] Es gilt ein weiter Markenbegriff.[43] Auch nicht in Art. 4 GMV aufgeführte Zeichen können grundsätzlich markenfähig sein. Begrifflich kommen demnach neben visuellen Marken auch auditive, olfaktorische, gustatorische und haptische Marken in Betracht, die sowohl isoliert als auch kombiniert auftreten können. Denkbar sind auf alle Sinnesorgane wirkende Zeichen. Gerüche sind daher markenfähig, soweit sie ein Zeichen, graphisch darstellbar und unterscheidungskräftig sind.

---

41 Im deutschen Recht findet sich das Erfordernis der graphischen Darstellbarkeit, das als Eintragungsvoraussetzung angesehen wird und nicht als Voraussetzung der Markenfähigkeit und somit nur für eingetragene Marken gilt, nicht in § 3 Abs. 1 MarkenG, sondern in § 8 Abs. 1 MarkenG, der die absoluten Eintragungshindernisse aufzählt. Grund dafür ist, dass das deutsche Markengesetz, anders als die Richtlinie eingetragene und nicht eingetragene Marken kennt und sein § 3 Abs. 1 MarkenG beide Kategorien umfasst. Jedoch sei auf diese Problematik an dieser Stelle nur hingewiesen. Entscheidend ist, dass gemäß jeder der genannten Regelungen die Geruchsmarke graphisch darstellbar sein muss.
42 Mühlendahl/ Ohlgart § 3 Rn 7.
43 Vgl. Leitentscheidungen des EuGH zur olfaktorischen Marke (EUGH, GRUR Int. 2003, 449 ff. – Sieckmann), zur Formmarke (EuGH, GRUR 2002, 804ff. – Philips/ Remington), zur Farbmarke (EuGH, GRUR 2003, 604ff. – Libertel; EuGH, GRUR 2004, 858ff. – Heidelberger Bauchemie GmbH) und zur Hörmarke (EuGH, GRUR 2004, 54ff. – Shield Mark/ Kist).

3.1.1 Zeichen

Was ein Zeichen ausmacht, ist im Gesetz nicht näher definiert, sondern nur durch einen (nicht abschließenden) Katalog von Beispielen möglicher Zeichenformen näher erläutert. Damit kommt als Zeichen alles in Betracht, was der sinnlichen Wahrnehmung durch Menschen zugänglich ist.[44] In Bezug auf Geruchszeichen bedeutet dies, dass das Gesetz zwar keine Zeichen, die nicht von sich aus visuell wahrnehmbar sind, erwähnt, sie aber auch nicht ausdrücklich ausschließt.[45] Auf die rein visuelle Wahrnehmbarkeit kommt es daher nicht an. Ein Geruch als solcher kann folglich in Bezug auf eine Ware oder Dienstleistung ein Zeichen sein. Entscheidend ist immer der Einzelfall. Gewöhnlich ist ein Geruch eine bloße Eigenschaft von Gegenständen. Dann ist er kein Zeichen. Ob ein Geruch im Einzelfall ein Zeichen sein kann, hängt davon ab, in welchem Zusammenhang der Geruch verwendet wird.[46]

3.1.2 Graphische Darstellbarkeit

Nur graphisch darstellbare Zeichen können in das Register eingetragen werden. Der Begriff „graphische Darstellbarkeit" ist weder in Art. 4 GMV noch in der wortlautgleichen Bestimmung des Art. 2 MRRL[47] definiert. Auch in Regel 3 DV und in den Prüfungsrichtlinien des Harmonisierungsamtes für den Binnenmarkt (HABM) finden sich keine Bestimmungen.

Von dem materiell-rechtlichen Erfordernis der graphischen Darstellbarkeit ist die lediglich verfahrensrechtliche Anforderung der Wiedergabe zu unterscheiden. Der Wiedergabe einer Marke bedarf es nach Art. 26 Abs. 1 d) GMV, um die Voraussetzung einer Anmeldung zu erfüllen, also das Registerverfahren mit der Vergabe eines Anmeldetages überhaupt erst in Gang zu setzen. Schon die unterschiedliche Begriffswahl und der andersartige Bedeutungsgehalt sollten davon abhalten, beide Kriterien sachlich zusammenfallen zu lassen.[48] Ein Zeichen ist nur dann graphisch darstellbar, wenn es die Voraussetzungen der Wiedergabe erfüllt. Erfüllt ein Zeichen aber die letzteren Voraussetzungen, so bedarf es noch gesonderter Prüfung, ob es auch graphisch darstellbar ist, um markenfähig sein zu können. Damit umfasst das sachlich inhaltliche Erfordernis der graphischen Darstellbarkeit das rein formal-rechtliche der Wiedergabe.

Die graphische Darstellbarkeit ist bei allen Markenformen unproblematisch, die durch Schrift, Schriftzeichen, graphische Abbildungen, Bilder oder Photographien dargestellt werden können. Für diese Marken finden sich Spezial-

---

44 Ströbele/ Hacker § 3 MarkenG Rn 3.
45 EuGH, GRUR Int. 2003, 449 – Sieckmann.
46 Vgl. zur Farbmarke: EuGH, GRUR 2003, 606 – Libertel.
47 Auch in den §§ 3, 8 Abs. 1 MarkenG ist keine Definition gegeben.
48 So auch Bender in Bomhard/ Pagenberg/ Schennen S. 159; Fezer, GRUR 2005, 106; a. A. Ingerl/ Rohnke § 32 MarkenG Rn 8.

bestimmungen zur Art und Weise der graphischen Darstellung in Regel 3 DV. Probleme können lediglich bei den neuen Markenformen auftreten, insbesondere auch bei Geruchsmarken.[49] Da Gerüche von sich aus nicht visuell wahrnehmbar sind, ist fraglich, wie die graphische Darstellung einer Geruchsmarke aussehen könnte.

3.1.2.1 Unmittelbare elektronische Darstellung

Die Großzügigkeit der Markendefinition wird durch die Einschränkung beeinträchtigt, dass sich die eintragbaren Zeichen graphisch darstellen lassen müssen. Aus dem weiten Markenbegriff muss aber gefolgert werden, dass das gesetzliche Erfordernis der graphischen Darstellbarkeit kein materielles Hindernis auf dem Weg der Weiterentwicklung des Markenrechts darstellen kann, sondern nur den begleitenden technischen Rahmen bilden darf, innerhalb dem sich neue Markenformen entwickeln und der sich entsprechend den neuen technologischen Möglichkeiten und Mitteln in Zukunft ausdehnen wird. Denn neben den Zeichenformen ändern sich logischerweise auch ihre Darstellungsweisen. Wie das Papier einst den Stein als Medium der Informationsvermittlung abgelöst hat, so wird auch das Papier mehr und mehr hinter die elektronischen Medien zurücktreten. Wurden traditionell die Markenregister auf Papier, in der so genannten Rollenform geführt, so werden in modernen Zeiten neue Medien, die genau so gut oder besser als papierene Wiedergaben die Perpetuierung einer Zeichenform und ihre Erkennbarkeit sowie Rekonstruierbarkeit ermöglichen, deren Funktionen übernehmen.[50]

Das Gemeinschaftsmarkenrecht begründet als eine Ordnung von Registermarkenrechten ein System von Normativbedingungen. Bei dem System der Registermarkenordnung handelt es sich um ein System von normativen Bedingungen, das den Erwerb von Verfassungseigentum an einer Marke bezweckt. Es handelt sich somit nicht um ein Konzessionssystem mit freiem Ermessen der Registerbehörde. Eine verfassungskonforme oder auch eine verfassungsoptimierende Auslegung des Erfordernisses der graphischen Darstellbarkeit verlangt eine angemessene Fortschreitung der registerrechtlichen Anforderungen, die den Erwerb von Registermarkenrechten an modernen Markenformen nicht allgemein ausschließen oder auch nur erschweren, sondern sachgerecht gewährleisten.[51] Es ist eine Aufgabe der Eintragungsinstitutionen, eine register-

---

49 Schultz § 8 MarkenG Rn 6.
50 So auch Bender in Bomhard/ Pagenberg/ Schennen S. 168; Kur, GRUR Int. 2004, 760.
51 Fezer in Bomhard/ Pagenberg/ Schennen S. 48.

rechtliche Infrastruktur zur graphischen Darstellbarkeit innovativer Markenformen zu entwickeln und zu installieren.[52]

Daher darf eine Darstellung in digitalisierter Form keinesfalls mangels graphischer Darstellbarkeit zurückgewiesen werden, wenn sie die Minimalvoraussetzungen erfüllt, dergestalt in eine Internetdatenbank aufgenommen zu werden, dass sie von jedem Nutzer voll einsehbar, hörbar oder sonst wahrnehmbar ist.

Für die Anmeldung von Geruchsmarken ist die Entwicklung des HABM[53], nationaler Ämter sowie des Internationalen Büros der World Intellectual Property Organization (WIPO) mittlerweile elektronische Markendatenbanken zu führen und Markenanmeldungen unter anderem auf elektronischem Wege anzunehmen, positiv zu beurteilen. Über Dateneingabegeräte (zum Beispiel Scanner, Digitalkamera, Camcorder) können Zeichen als Datei aufgezeichnet werden. Die Abfrage des Wort- und sonstigen Inhalts derartiger per Datenträger oder online über das Internet abfragbarer Markenwiedergaben erfolgt über spezielle Benutzungsoberflächen auf dem Computer als Datenlese- und Wiedergabegerät. In Verbindung mit dem Computer selbst können dann als Zeichen Grafiken, aber auch Multimediaanwendungen, wie Animationen und Filme und in Zusammenhang mit Peripheriegeräten wie zum Beispiel Lautsprechern zusätzlich Töne und/ oder Geräusche wiedergegeben werden.[54]

Auch Geruchsmarken dürften in Zukunft – soweit sie es nicht bereits sind – durch entsprechende technische Aufzeichnungsträger registriert und danach auch unmittelbar elektronisch dargestellt werden können. Mittelfristig ist die Anerkennung der elektronischen Darstellung nach dem klaren Urteil des Europäischen Gerichtshofes (EuGH)[55] aber allenfalls über eine Klarstellung der MRRL denkbar und erfüllt nicht die Anforderungen des Art. 4 GMV. Außerdem sind Wiedergabemöglichkeiten für Düfte heute noch nicht technisch ausgereift und es bleibt die weitere technische Entwicklung für die Möglichkeiten der elektronischen Wiedergabe abzuwarten.

---

52 Die AIPPI hat sich in ihrer Resolution Q 181 dafür ausgesprochen, akustische und olfaktorische Zeichen de lege ferenda vom Erfordernis der graphischen Darstellung freizustellen, s. www.aippi.org (letzter Aufruf 19.11.2009).
53 So wird z.B. seit dem 01.09.2003 das Blatt für Gemeinschaftsmarken des HABM elektronisch geführt und ist kostenlos über die Internetseite http://oami.eu.int/en/office/diff/default.htm zugänglich. Es sind auch CD-ROM-Versionen erhältlich.
54 Sieckmann, MarkenR 2001, 242.
55 EuGH, GRUR Int. 2003, 449 ff. – Sieckmann.

3.1.2.2 Mittelbare graphische Darstellung

Folglich kommt heute allenfalls eine mittelbare graphische Darstellung für Gerüche in Betracht. Umstritten ist aber, ob eine mittelbare Darstellung des einzutragenden Zeichens für eine Eintragung nach Art. 4 GMV ausreichend ist.

Gegen die Möglichkeit der mittelbaren Darstellung wird eingewandt, dass sie wesentlichen Grundsätzen des Registerschutzes entgegenstehe.[56] Eine eindeutige Definition des zu schützenden Zeichens sei bei einer mittelbaren Darstellung nicht möglich, aber notwendig. Nur die präzise Festlegung des Anmeldegegenstandes ermögliche eine zuverlässige und sachgerechte Prüfung der Anmeldung in Hinsicht auf das Vorliegen etwaiger absoluter Eintragungshindernisse. Graphisch darstellen hieße, etwas mit Symbolen beschreiben, die gezeichnet werden können.[57] Ein Zeichen soll demnach visuell wahrnehmbar sein und außerdem, da es um das Unterscheiden gehe, müsse diese Darstellung verständlich sein, da das Verständnis Voraussetzung für das Unterscheiden sei. Ein Zeichen könne nur dann eine Marke sein, wenn es Unterscheidungskraft habe und sich vollständig, klar, genau und in für die Allgemeinheit der Hersteller und Verbraucher verständlicher Weise graphisch darstellen lasse.[58] Ferner müssten sich Dritte anhand der Registereintragung und deren Veröffentlichungen über den Gegenstand des Schutzrechts informieren können. Alle das Recht betreffende Daten (bzgl. Entstehung, Art, Umfang, Bestand, Erlöschen) müssten aus dem Register in einer für die Allgemeinheit nachvollziehbaren Bestimmtheit ersichtlich sein.[59] Da die Veröffentlichung der Anmeldung Aufgebotswirkung habe, sollten sich die Inhaber älterer Rechte, denen nur eine relativ kurze Widerspruchsfrist zustehe, allein aus der Veröffentlichung informieren können.[60]

3.1.2.2.1 Wörtliche Auslegung

Ein Erfordernis der unmittelbaren graphischen Wiedergabe findet sich im Wortlaut des Art. 4 GMV jedoch nicht. Danach ist nicht ausgeschlossen, dass Zeichen auch dann als Marken funktionieren können, wenn sie nicht visuell wahrgenommen werden können.[61] Nach seinem Wortlaut ist unter dem Begriff „graphische Darstellbarkeit" nur die visuelle Wahrnehmbarkeit des Zeichens auf einer Unterlage zu verstehen. Aus dem Wortlaut ergibt sich nicht, dass diese

---

56 So der Generalanwalt Colomner in seinen Schlussanträgen vom 6.11.2001 in der Rechtssache C-273/00 Sieckmann ./. Deutsches Patent- und Markenamt, GRUR Int. 2001, 1071; BPatG, GRUR 2000, 1044, 1046 – Riechmarke.
57 So Colomner s. GRUR Int. 2001, 1071.
58 So Colomner s. GRUR Int. 2001, 1071.
59 BPatG, GRUR 2000, 1044, 1046 – Riechmarke.
60 BPatG, GRUR 2000, 1044, 1046 – Riechmarke.
61 HABM (3. Beschwerdekammer), GRUR 2002, 349 – Der Duft von Himbeeren.

unmittelbar sein muss. Art. 15 Abs. 1 letzter Satz des TRIPS-Abkommens bestätigt, dass Mitgliedstaaten das Erfordernis der visuellen Wahrnehmbarkeit eines Zeichens fordern können, aber nicht müssen. Teilweise wird vertreten, dass mit dem Merkmal der graphischen Darstellbarkeit der Marke sogar ein „zu starres und unnötig enges Kriterium" verwendet wird.[62] Der Begriff „graphisch darstellen" könnte danach möglicherweise auch als „darstellen" bzw. „elektronisch darstellen oder in anderer Weise hinterlegen" verstanden werden.[63]

3.1.2.2.2 Teleologische Auslegung

Das Erfordernis der graphischen Darstellbarkeit hat seinen Ursprung darin, dass das Register traditionell in Form einer flächengestalteten Zeichenrolle vorlag. Eine Eintragung in das Register war daher nur mittels einer graphischen Wiedergabe möglich. Hauptfunktion der graphischen Darstellbarkeit ist daher die Zweckmäßigkeit einer zweidimensionalen Aktenführung.[64] Sinn und Zweck der graphischen Darstellung ist die Reproduzierbarkeit des Zeichens.[65] Das Erfordernis der graphischen Darstellbarkeit besteht aber nicht nur zur Erleichterung der administrativen Handhabung. Ihre Bedeutung erschöpft sich nicht in der Erfüllung nachrangiger Formvorschriften. Sie ist auch Ausdruck des allgemeinen Bestimmtheitsgrundsatzes im Rahmen des Rechtsstaatsprinzips und dient neben der Erleichterung der administrativen Handhabung der Markenämter dem Interesse der Allgemeinheit, durch die Veröffentlichung eindeutig über die in Kraft stehenden Marken und ihren Schutzbereich informiert zu werden. Denn aus der Verletzung des mit der Eintragung der Marke verbundenen Ausschließlichkeitsrechts können sich Unterlassungs- und Schadensersatzansprüche sowie strafrechtliche Sanktionen ergeben. Die präzise Festlegung des Schutzgegenstandes liegt damit im Interesse beider Seiten, sowohl der Wettbewerber als auch der mit Verletzungsprozessen befassten Organe der Rechtspflege.[66] Der eingetragene Schutzgegenstand muss daher einen für die Allgemeinheit nachvollziehbaren Grad an Bestimmtheit aufweisen.

Es ist auch die Grundentscheidung des Gesetzgebers zu berücksichtigen, die Markenformen nicht zu beschränken.[67] Das weite Verständnis der Markenfähigkeit ist Ausdruck eines modernen Markenverständnisses. Demzufolge können heute neue Zeichen wie Farben, Hörzeichen, Hologramme, Geruchs-

---

62 Kunz-Hallstein, GRUR Int. 1990, 751, dieser empfiehlt beispielsweise für eine künftige Neufassung als flexibleren Wortlaut: „Marken können alle Zeichen sein, die sich graphisch darstellen oder in anderer Weise hinterlegen lassen, ...".
63 Sieckmann, MarkenR 2001, 239.
64 Vgl. bereits Aron, GRUR 1930, 1022; ferner Ingerl/ Rohnke § 8 MarkenG Rn 99.
65 Grabrucker, MarkenR 2001, 96.
66 BPatG, GRUR 2000, 1047 f. – Riechmarke.
67 Sog. „weiter Markenbegriff", siehe S. 11 unter 3.1 Markenfähigkeit.

zeichen und sonstige Zeichen als Marken eingesetzt werden, um Markenfunktion auf dem Markt zu übernehmen.[68] Dieser Widerspruch löst sich auf, wenn „graphische Darstellbarkeit" nicht bedeutet, dass das Zeichen selbst abgebildet werden muss, sondern dass nur erforderlich ist, dass es zweidimensional eindeutig definierbar ist. Die graphische Darstellbarkeit sollte lediglich hinreichend eindeutig sein, um den Schutzumfang für den Verkehr zu definieren.

Außerdem muss beachtet werden, dass eine graphische Darstellung nicht die einzige Möglichkeit ist, den Schutzumfang eines Zeichens für den Verkehr eindeutig zu definieren.[69] Auch ist der Schutzumfang einer eingetragenen Marke letztlich nie vollständig aus der Veröffentlichung zu entnehmen. Der Schutzumfang kann beispielsweise durch ähnliche Drittzeichen geschwächt oder durch Bekanntheit oder umfangreiche Nutzung gestärkt sein. Die Marke, wie sie in graphischer Form ins Register eingetragen ist, kann daher von vornherein keine Rechtssicherheit über den Schutzumfang bieten, sondern nur einen Ausgangspunkt. Dieser führt nicht immer zu eindeutigen Ergebnissen. Dies zeigen oft unterschiedliche Beurteilungen der Zeichenähnlichkeit durch verschiedene Instanzen. Als Ausgangspunkt muss die Marke aber nicht unmittelbar selbst sinnlich wahrnehmbar sein.[70] Dies zeigt auch ein Vergleich mit der Hörmarke: Der Verkehr kann bestimmte Tonfolgen eindeutig erkennen und ist gewohnt ihnen einen herkunftshinweisenden Bedeutungsgehalt zuzumessen. Auch Hörzeichen sind aber in ihrer unmittelbaren klanglichen Wirkung graphisch nicht darstellbar.[71] Ihre graphische Darstellung erfolgt anhand von Notenschrift oder Sonagrammen.[72]

---

68 HABM (3. Beschwerdekammer), GRUR 2002, 349 – Der Duft von Himbeeren.
69 Rohnke, MarkenR 2001, 13.
70 Rohnke, MarkenR 2001, 14.
71 Außerdem wäre im deutschen System die Erwähnung von der mittelbar wahrnehmbaren Markenform „Hörzeichen" im Beispielskatalog der schutzfähigen Markenformen in § 3 Abs. 1 MarkenG widersprüchlich, wenn einerseits die Hörmarke nach § 3 Abs. 1 MarkenG markenfähig wäre, aber ihr andererseits die Möglichkeit des Registerschutzes nach § 8 Abs. 1 MarkenG verwehrt würde. Die Regelung in § 11 Markenverordnung (MarkenV), die die Anforderungen für die Anmeldung von Hörmarken zur Eintragung in das Markenregister regelt, wäre sogar überflüssig und widersinnig. Die Regelungen des § 3 Abs. 1 MarkenG und § 11 MarkenV lassen mithin den Schluss zu, dass der deutsche Gesetzgeber auch nicht visuell wahrnehmbare Zeichen als graphisch darstellbar und eintragungsfähig ansieht. Da jedoch die Regelungen der §§ 3 Abs. 1 und 8 Abs. 1 MarkenG in Umsetzung des Art. 2 MRRL entstanden sind und es erklärtes Ziel der MRRL ist, dass eingetragene Marken im Recht aller Mitgliedstaaten einen einheitlichen Schutz genießen, muss eine solche Interpretation auch dem Willen des europäischen Gesetzgebers entsprechen.
72 HABM, GRUR 2006, 344 – „Arzneimittel Ihres Vertrauens: Hexal".

3.1.2.2.3 Bestimmtheit

Materiell-rechtlich findet die Anforderung der graphischen Darstellbarkeit ihre Grundlage im Registerprinzip und damit im Bestimmtheitsgrundsatz. Ein Recht, dass Wirkung und Schutzumfang durch eine Eintragung, also eine schriftliche Niederlegung im Register verlangt, sollte möglichst präzise und klar niedergelegt werden, damit es jederzeit und auf Dauer identifiziert und wieder erkannt werden kann. Dies ist die grundlegende Voraussetzung, um seinen Schutzumfang zu bestimmen, und zwar sowohl für die beteiligten Verkehrskreise auf dem Markt als auch für Ämter und Gerichte, die sich sowohl in Widerspruchs- oder Nichtigkeitsverfahren als auch in Verletzungsprozessen mit dem konkreten Schutzumfang eines Rechts im Hinblick auf konkurrierende ältere oder jüngere Rechte zu befassen haben. Denn nur ein Zeichen, das hinreichend präzise, klar und verständlich dargestellt ist, lässt seinen Schutzumfang eindeutig definieren und sich im Rechtsverkehr wirksam als Angriffs- oder Verteidigungsmittel einsetzen. Entscheidend ist daher letztlich der objektive Erkenntniswert der im Register aufgezeichneten Markenform. Es besteht keine Notwendigkeit, die Formulierung „sich graphisch darstellen lassen" in Art. 4 GMV restriktiver auszulegen, als es der Zweck erfordert. Das weite Verständnis der Markenfähigkeit ist Ausdruck eines modernen Markenbegriffs, dem zufolge heute neue Markenformen generell Markenfunktion auf dem Markt übernehmen können. Daher ist eher eine Bestimmbarkeit zu fordern. Diese ist bei der Reproduzierbarkeit des Zeichens aufgrund mittelbarer Wiedergabe jedenfalls dann gegeben, wenn die begehrte Markenform ihrer Natur nach nicht unmittelbar schriftlich oder bildlich dargestellt werden kann, und genügt daher für die graphische Wiedergabe.[73]

3.1.2.2.4 Gemeinsame Erklärung von Rat und Kommission

Dafür, dass die mittelbare Wiedergabe eines Zeichens ausreichend ist, spricht ferner die gemeinsame Erklärung von Rat und Kommission der Europäischen Gemeinschaften im Protokoll des Rates anlässlich der Annahme der Markenrechtsrichtlinie[74]. Danach schließt Art. 2 MRRL die Eintragbarkeit von Tonzeichen als Marken in der Zukunft nicht aus. Da auch Hörmarken nicht unmittelbar graphisch darstellbar sind, folgt daraus, dass das Merkmal der graphischen Darstellbarkeit auch dann erfüllt ist, wenn das die Marke darstellende Zeichen nicht visuell wahrnehmbar und daher naturgemäß auch nicht als solches graphisch darstellbar ist, sondern nur durch ein Surrogat wiedergegeben werden kann.

Diese Erklärung ist allerdings nicht Bestandteil der Markenrechtsrichtlinie geworden. Sie ist daher lediglich politischer Natur und präjudiziert nicht deren

---

73 Hildebrandt, MarkenR 2002, 2.
74 Siehe Amtsblatt des HABM 1996, 606.

Auslegung durch den EuGH. Sie kann aber dennoch zur Auslegung des Begriffs der graphischen Darstellbarkeit insofern beitragen, als sie den Willen des Gesetzgebers dokumentiert. Außerdem könnte die im Protokoll erwähnte Eintragungsfähigkeit von Tonmarken ihren Niederschlag in der Öffnung des Art. 2 MRRL durch das Wort „insbesondere" gefunden haben.[75] Da mit Ausnahme der in allen Mitgliedstaaten ohnehin erfassten reinen Bildmarken alle unmittelbar graphisch darstellbaren Zeichen ausdrücklich in Art. 2 MRRL genannt sind, kann das Wort „insbesondere" nur auf eine Öffnung für lediglich mittelbar darstellbare Zeichen hindeuten.[76] Ferner werden Hörmarken in der Prüfungsrichtlinie des HABM erwähnt. Dort wird als Beispiel für die graphische Darstellung von Hörmarken in Ziffer 8.2. der Prüfungsrichtlinie die Notenschrift aufgeführt.

3.1.2.2.5 Rechtsprechung des EuGH

Dass die mittelbare Darstellung des einzutragenden Zeichens für eine Eintragung nach Art. 4 GMV ausreichend ist, bestätigt auch die „Sieckmann"-Entscheidung des Europäischen Gerichtshofes (EuGH).[77] Das deutsche Bundespatentgericht (BPatG) hatte im Fall einer bei ihm anhängigen Geruchsanmeldung („Zimtsäuremethylester")[78] die Auslegung des Erfordernisses der graphischen Darstellung eines Zeichens nach Art. 2 MRRL dem EuGH zur Vorabentscheidung vorgelegt.[79] Der Anmelder einer Geruchsmarke hatte bei der Anmeldung auf eine beigefügte Beschreibung verwiesen. In dieser war der Geruch in Worte gefasst, die Strukturformel angegeben und die Kaufmöglichkeit benannt worden. Hilfsweise hatte der Anmelder Einverständnis mit Akteneinsicht erklärt und außerdem eine Riechprobe eingereicht. Der Senat zweifelte an der Möglichkeit einer mittelbaren graphischen Darstellbarkeit. Seine Frage an den EuGH lautete daher, ob Zeichen im Register auch mittelbar durch Surrogat wiedergegeben werden können und wenn ja, ob es genüge, wenn ein Geruch wiedergegeben werde, erstens durch eine chemische Formel, zweitens durch eine Beschreibung, drittens mittels einer Hinterlegung oder viertens durch eine Kombination vorgenannter Wiedergabesurrogate.

Der EuGH hat auf den Vorlagebeschluss des BPatG[80] festgestellt, dass ein Zeichen, das als solches nicht visuell wahrnehmbar ist, eine Marke sein kann. Art. 2 MRRL sei dahin auszulegen, dass ein Zeichen, das als solches nicht visuell wahrnehmbar ist, eine Marke sein kann, sofern es insbesondere mit Hilfe

---

75 Hildebrandt, MarkenR 2002, 2.
76 Hildebrandt, MarkenR 2002, 2.
77 EuGH, GRUR Int. 2003, 449 ff. – Sieckmann.
78 Auch Methylcinnamat oder smell of cinnamon.
79 BPatG, GRUR 2000, 1044 ff. – Riechmarke.
80 BPatG, GRUR 2000, 1044 ff. – Riechmarke.

von Figuren, Linien oder Schriftzeichen graphisch dargestellt werden kann und die Darstellung klar, eindeutig, in sich abgeschlossen, leicht zugänglich, verständlich, dauerhaft und objektiv ist.[81]

Das Erfordernis der graphischen Darstellbarkeit ist danach nicht dahin zu verstehen, dass nur solche Zeichen als Marke registriert werden können, die sich selbst und unmittelbar, wie Wort- oder Bildmarken, graphisch darstellen lassen.[82] Eine mittelbare Darstellung reicht nach Auffassung des EuGH jedenfalls dann aus, wenn die begehrte Markenform ihrer Natur nach nicht unmittelbar schriftlich oder bildlich dargestellt werden kann.[83] Demnach kommen auch als solche nicht visuell wahrnehmbare Zeichen für eine Registrierung in Betracht, sofern sie sich angemessen graphisch darstellen lassen. Das Zeichen muss jedoch anhand der graphischen Darstellung genau identifizierbar sein.

3.1.2.2.6 Zwischenergebnis: mittelbare graphische Darstellung

Demnach ist eine mittelbare Darstellung des einzutragenden Zeichens für eine Eintragung nach Art. 4 GMV ausreichend.

3.1.2.3 Mittelbare Darstellung anhand von Surrogaten

Fraglich ist, wie Gerüche mittelbar graphisch darstellbar sind. Dies lässt sich nicht für alle Gerüche einheitlich beantworten. Dass bestimmte einzelne Gerüche eventuell nicht graphisch dargestellt werden können,[84] hat nicht zur Folge, dass Gerüche im Allgemeinen nicht graphisch darstellbar sind.[85] Stattdessen muss im Einzelfall ermittelt werden, ob die Darstellung des fraglichen Zeichens den Anforderungen des Art. 4 GMV entspricht.

Mittelbar bedeutet unter Verwendung eines Mittels, eines Mittlers oder einer Zwischenstufe.[86] Gerüche können auf verschiedene Weise mittelbar dargestellt werden. In Betracht kommt beispielsweise die Wiedergabe durch eine chemische Formel, durch eine Rezeptur bzw. eine chemische Verfahrensbeschreibung, durch eine Beschreibung in Worten, durch eine Abbildung des den Duft verströmenden Objekts, mittels eines Gaschromatograph, durch eine

---

81 EuGH, GRUR Int. 2003, 449 – Sieckmann.
82 Vgl. dazu auch die Rechtsprechung des EuGH in: EuGH, GRUR 2003, 606 – Libertel; EuGH, GRUR 2004, 57 – Shield Mark/ Kist.
83 So auch Bender in Bomhard/ Pagenberg/ Schennen S. 162.
84 So beispielsweise der Duft nach „... Einem Hauch von frischem, grünen Gras, nach Hesperiden duftend (Bergamotte und Zitrusfrüchte) verbunden mit einer ins zartrosa gehenden nach Moschus duftenden Blütennote (Orangenblüte, Hyazinthe)" nach Ansicht des HABM, GRUR Int. 2004, 857 ff. – Duftmarke; bzw. der Duft einer reifen Erdbeere nach Ansicht des EuG, MarkenR 2005, 536 ff. – Odeur de fraise mûre.
85 Hildebrandt, MarkenR 2002, 4.
86 Köbler S. 316.

Massenspektroskopie, durch eine elektronische Nase, mittels einer Geruchsprobe zusammen mit einer Beschaffungsadresse oder mittels einer Kombination mehrerer dieser Surrogate.

3.1.2.3.1 Chemische Formel

Eine Formel ist eine naturwissenschaftlich einheitliche Handhabung der Bezeichnung von Stoffen und deren Mischverhältnis. Formeln haben innerhalb ihrer Fachgebiete keinen anderen Zweck, als den Gegenstand des Interesses zu fixieren und für andere ebenfalls der Herstellung zugänglich zu machen.[87] Chemische Formeln bestehen aus international anerkannten Symbolen zur Beschreibung chemischer Stoffe und Reaktionen. Sie werden aus Symbolen für die chemischen Elemente gebildet und geben vereinfacht den Grundaufbau von Stoffen wieder.[88] Bei den einem Geruch zugrunde liegenden olfaktorischen Stoffen handelt es sich entweder um natürliche oder synthetische, chemische Verbindungen oder um komplexe Gemische bzw. Zusammensetzungen von Verbindungen aus der organischen Chemie, die durch eine chemische Formel wiedergegeben werden können. Wird eine chemische Strukturformel angegeben, so ist der auf diese Weise synthetisch hergestellte Geruch in seiner Zusammensetzung nach dem fachspezifischen Regelwerk der Chemie, das nicht beliebig veränderbar ist, festgelegt.

Zu unterscheiden sind drei Erscheinungsformen der chemischen Formel: die (Brutto-)Summenformel, die aufgelöste Bruttosummenformel und die Strukturformel. Bei dem einem Geruch zugrunde liegenden olfaktorischen Stoffen handelt es sich entweder um direkt aus der Natur gewonnene oder um synthetisch hergestellte Verbindungen. Diese können entweder als Einzelverbindung oder als komplexes Gemisch von Verbindungen vorliegen. Gemäß den Summenformeln bestehen diese zum überwiegenden Teil aus den Atomen von Kohlenstoff (C), Wasserstoff (H), vielfach Sauerstoff (O), gegebenenfalls auch Stickstoff (N) und Schwefel (S), die dabei in einem unterschiedlichen Verhältnis zueinander stehen.

Die (Brutto-)Summenformel gibt Aufschluss über die Art und Zahl von chemischen Elementen in der jeweiligen Substanz. Der Geruch Methylcinnamat, der in dem EuGH-Verfahren Sieckmann streitgegenständlich war, lässt sich beispielsweise durch die Summenformel $C_{10}H_{10}O_2$ wiedergeben. Problematisch ist jedoch, dass mehrere unterschiedliche Substanzen existieren, die durch dieselbe Summenformel dargestellt werden. So besitzen beispielsweise neben der Substanz Methylcinnamat noch mindestens elf weitere unterschiedliche chemische Substanzen die Summenformel $C_{10}H_{10}O_2$. Aufgrund der unterschiedlichen räumlichen Anordnung der einzelnen Elemente unterscheiden sich die

---

87 Grabrucker, MarkenR 2001, 96.
88 Brockhaus (Band 5) S. 506.

Substanzen zum Teil erheblich in ihren chemischen und physikalischen Eigenschaften, was wiederum Auswirkungen auf den verströmten Geruch hat. Die (Brutto-)Summenformel ist daher für eine graphische Darstellung eines Geruchs, wie sie Art. 4 GMV fordert, zu ungenau.

In der aufgelösten Bruttosummenformel werden die jeweiligen Elemente nicht ausschließlich als Summe dargestellt, sondern zu sinnvollen Atombindungsgruppen zusammengefasst. Dabei erfolgt die Darstellung in der Weise, dass die Zentralatome in den Atomgruppen zuerst genannt werden. Die Substanz Methylcinnamat lässt sich beispielsweise mittels der aufgelösten Bruttosummenformel $CHCOOCH_3$ wiedergeben. Der Vorteil gegenüber der Summenformel liegt darin, dass der Fachmann Einblick in den Aufbau der chemischen Substanz erhält und hierüber Rückschlüsse auf die zugrunde liegende Substanz möglich sind. Allerdings lassen sich aus den einzelnen funktionalen Atomgruppen, die der Formel zu entnehmen sind, keine Rückschlüsse auf die räumliche Anordnung der einzelnen Atomgruppen (Ringbildung, Position von Seitenketten, Isomerie etc.) ziehen. Schon geringfügige Änderungen der räumlichen Struktur beeinflussen aber die Geruchsqualität und -intensität. Infolgedessen ist auch diese Darstellungsart für eine Geruchsmarke ungeeignet.

Im Unterschied zu einer Summenformel gibt eine Strukturformel die räumliche Anordnung der Atome und die Bindungen zwischen ihnen an. Mit der Strukturformel können beliebig komplexe Substanzen abgebildet werden. Sie geben die Konstitution von Molekülen an. Einfach-, Doppel- und Dreifachverbindungen werden darin durch eine entsprechende Anzahl von Bindungsstrichen wiedergegeben.[89] Hierdurch ist eine chemische Substanz eindeutig bestimmt bzw. bestimmbar. Die Strukturformel ermöglicht die exakte Reproduktion des jeweiligen Stoffes und damit des von ihm ausgehenden Geruchs. Daher ist sie viel präziser als die Darstellungsweisen beispielsweise von Hörmarken mittels Noten, die zum Beispiel nichts über die Instrumentalisierung aussagen oder wohl ebenso genau wie die Wiedergabeart von Farbmarken mittels RAL-Nummern.[90]

Manch ein Duft, zum Beispiel so genannte Naturdüfte, kann wegen seiner standortbedingten oder sonst herkunftsmäßigen Variabilität nicht in die Gestalt einer Formel gebracht werden. Außerdem sind Gerüche, deren Riechstoff sich selbst verändert, zum Beispiel abhängig von seiner Konzentration, der Temperatur usw., nicht geeignet durch die bloße Angabe einer chemischen Strukturformel beschrieben zu werden.[91] Sofern aber eine chemische Strukturformel nicht ausreicht, wird häufig die Angabe zusätzlicher Parameter weiterhelfen. Temperaturabhängige Gerüche können dann durch Angabe der Temperatur, oberflächenabhängige Gerüche durch Angabe des Duftträgers präzisiert

---

89 Welt Lexikon (Band 3) S. 428.
90 Sessinghaus, WRP 2003, 481.
91 Rohnke, MarkenR 2001, 14.

werden.[92] Wünschenswert ist zusätzlich zur chemischen Formel immer die wörtliche Benennung der Formel in fachsprachlichen Begriffen. Dies sichert das gewollte Zeichen in seiner Bestimmtheit ab.[93]

Damit entspricht eine chemische Strukturformel dem Charakter der Wiedergabe einer „Tonformel" und einer „Farbformel". Die Notenschrift ist ein aufgrund fachlicher Übereinkunft auf dem Papier fixierter Ton mit dem Zweck, wenn Musik nicht unmittelbar zugänglich gemacht werden kann – wie im Register –, dennoch seinen Gegenstand festzuhalten und ihn jederzeit reproduzieren zu können. Für Hörmarken ist die graphische Darstellung durch Notenschrift anerkannt. Auch bei Farbmarken genügt die Wiedergabe der Farbe mittels eines international anerkannten Kennzeichnungscodes (zum Beispiel RAL-Nummer) für ihre graphische Darstellbarkeit gemäß Art. 4 GMV.[94] Daher sollte die Wiedergabe eines Geruchs durch eine chemische Strukturformel ebenfalls als graphische Darstellung einer Geruchsmarke anerkannt werden.

3.1.2.3.1.1 Verständlichkeit

Gegen die graphische Darstellung der Geruchsmarke anhand einer chemischen Formel wird eingewandt, dass nur wenige Menschen in einer chemischen Formel den zugehörigen Geruch erkennen.[95] Nur Fachleute könnten sie entschlüsseln oder es bedürfe des Kaufs eines entsprechenden Musters, um den Geruch tatsächlich olfaktorisch prüfen zu können. Eine solche Formel sei daher nicht verständlich genug.[96] Diesem Einwand, das Register müsse jedem Inhaber einer älteren Marke das Verständnis des Zeicheninhalts unmittelbar erlauben und deshalb sei eine nicht jederzeit lesbare Formel als Surrogat nicht genügend, ist nicht zuzustimmen. Das Markengesetz gibt keinen Anhaltspunkt dafür, dass die Bestimmtheit des Registers es erfordere – nicht vergleichbar mit Wort- oder Bildmarken, bei denen sich dies aus der Natur des Zeichens ergibt –, die sinnliche Erfassbarkeit des Zeichens unmittelbar zu vermitteln.[97] Zwar können visuell wahrnehmbare Zeichen durch bloße Betrachtung unmittelbar wahrgenommen werden. Denn bei ihnen muss die Allgemeinheit die Marke bei Einsichtnahme nicht entschlüsseln, da die Marke unmittelbar wahrnehmbar ist. Diese Vorgehensweise kann aber nicht auf nicht visuell wahrnehmbare Zeichen übertragen werden. Denn ein nicht visuell wahrnehmbares Zeichen erschließt sich nicht jedem allein durch die Betrachtung seiner graphischen Darstellung. Zeichen, die jedoch nicht visuell wahrnehmbar sind, können anhand einer

---

92 So auch Hildebrandt, MarkenR 2002, 4.
93 So auch Grabrucker, MarkenR 2001, 97.
94 EuGH, GRUR 2003, 604 ff. – Libertel.
95 EuGH, GRUR Int. 2003, 453 – Sieckmann; Ströbele/ Hacker § 3 Rn 59.
96 EuGH, GRUR Int. 2003, 453 – Sieckmann.
97 Siehe unter 3.1.2.2. Mittelbare graphische Darstellung.

mittelbaren Darstellung nie unmittelbar sinnlich wahrgenommen werden. Die graphische Darstellung ist bei ihnen nicht die direkte Abbildung der Marke, sondern fungiert als Code, der unter Umständen entschlüsselt werden muss. Um nicht wesentlich Ungleiches gleich zu behandeln, darf daher nicht die gleiche Vorgehensweise für nicht visuell wahrnehmbare Zeichen wie für visuell wahrnehmbare als Maßstab gelten.[98]

Bei einer Hörmarke verhält es sich letztlich nicht anders. Auch hier erschließt sich eine Tonfolge anhand von Notenschrift nur dem Fachmann oder denjenigen, die das Lesen von Noten gelernt haben. In der Regel wird das Abspielen auf einem Instrument erforderlich sein, um den klanglichen Eindruck beurteilen zu können. Genauso verhält es sich mit der graphischen Darstellung von Hörmarken anhand eines Sonagramms. Ebenso wenig sind Farbcodices dem breiten Publikum geläufig.[99] Selbst bei Formmarken ist die zweidimensionale Wiedergabe nicht ohne weiteres mit dem Eindruck der tatsächlichen Form zu vergleichen. Der Zweck des Registers ist die Festlegung, die Nachvollziehbarkeit und Nachprüfbarkeit des Schutzrechts zu gewährleisten, nicht jedoch Modalitäten für die Einsichtnahme durch die Wettbewerber festzulegen. Soweit die Einsichtnahme keine Rechtsverweigerung darstellt, da sie unter derart erschwerten Umständen stattfindet, dass sie in ihrem faktischen Auswirkungen einer Verunmöglichung der Geltendmachung entgegenstehender Rechte gleichkommt, ist unter Geltung des Verhältnismäßigkeitsprinzips kein Grund für die Ablehnung der Formelbezeichnung für eine beanspruchte Geruchsmarke ersichtlich.

Ein Vergleich mit dem rechtsstaatlichen Veröffentlichungsgebot beim Erlass von Normen verdeutlicht dies. Für die Bürgerinnen und Bürger genügt die Möglichkeit, Einsicht in die Gesetzesblätter zunehmen, und zwar in der Weise, dass sich möglicherweise der Inhalt erst mit weiterem Fachwissen, das sich in vernünftigem Rahmen verschaffen lässt, erschließt. Ob dies nun bei schwierigen Gesetzen ein Fachanwalt oder im Fall der Geruchsmarke ein Chemiker oder Patentanwalt ist, stellt keinen Unterschied dar. Damit ist übrigens eine uralte Frage berührt, die schon die Frankfurter Nationalversammlung beschäftigte: Müssen Gesetze für jedermann verständlich sein, oder genügt es, dass sie von Fachleuten begriffen werden?[100] Letzterem wurde der Vorzug gegeben. Das hier diskutierte Surrogat befindet sich somit im rechtlichen Systemzusammenhang mit vergleichbaren Sachverhalten.[101]

---

98 So auch Sessinghaus, WRP 2003, 479.
99 Z.B. „RAL 4007" (Gemeinschaftsmarke Nr. 867 408), „Pantone 3125 C" (Gemeinschaftsmarke Nr. 275 487) oder „HKS7" (Gemeinschaftsmarke Nr. 773 630).
100 Hattenhauer S. 41 ff.
101 Grabrucker, MarkenR 2001, 97; Hildebrandt, MarkenR 2002, 2.

3.1.2.3.1.2 Darstellung der Substanz

Darüber hinaus wird gegen die graphische Darstellung eines Riechzeichens durch eine chemische Formel eingewandt, die chemische Formel stelle nicht den Geruch einer Substanz dar, sondern die Substanz selbst.[102] Eingetragen würden die chemischen Bestandteile und die genauen Anteile, deren es bedarf, um ein bestimmtes Produkt zu erhalten, keineswegs aber ein olfaktorisches Zeichen.[103] Dies ist jedoch lediglich ein Element der indirekten Zeichenwiedergabe (es besteht eine Zwangsbeziehung zwischen der Substanz und ihrem Geruch), die das europäische Markenrecht, wie bereits erörtert[104], auch an anderer Stelle akzeptiert. Die Anforderungen an die graphische Darstellbarkeit müssen sich an ihrer rechtlichen Funktion orientieren, durch eindeutige, reproduzierbare Definition des Schutzgegenstandes die notwendige Rechtssicherheit herbeizuführen.[105] Wenn dieses Ziel beispielsweise durch die graphisch darstellbare Angabe einer (chemischen) Substanz gelingt, welche immer und nur den als Marke zu schützenden Geruch abgibt, so sollte dies der gesetzlichen Anforderung an die graphische Darstellbarkeit genügen. Es ist nicht einzusehen, dass die zusätzliche Mittelbarkeit der Darstellung über die Substanz gegenüber der mittelbaren Darstellung von Hörmarken (Notenschrift) oder Formmarken (mehrere Ansichten) ein rechtlich relevanter Hinderungsgrund sein soll. Ein größerer Mangel an Klarheit, Eindeutigkeit und Objektivität ist nicht erkennbar.[106] Da die chemische Formel gerade als Surrogat für die Darstellung der Marke selbst dienen soll, ist der Einwand die chemische Formel stelle nicht die Marke, sondern lediglich die den Geruch erzeugende Substanz dar, obsolet.

3.1.2.3.1.3 Zwischenergebnis: chemische Formel

Die chemische Strukturformel definiert einen Stoff eindeutig. Selbst wenn der Geruch dieses Stoffes sich unter bestimmten äußeren Bedingungen unter Umständen verändern mag, ist zusätzlich die Angabe von Randbedingungen denkbar. Demzufolge ist eine chemische Strukturformel geeignet einen Geruch gemäß Art. 4 GMV graphisch darzustellen.

---

102 EuGH, GRUR Int. 2003, 453 – Sieckmann; Ströbele/ Hacker § 3 Rn 59.
103 So der Generalanwalt Colomner in seinen Schlussanträgen vom 6.11.2001 in der Rechtssache C-273/00 Sieckmann ./. Deutsches Patent- und Markenamt, GRUR Int. 2001, 1071 f.
104 Siehe unter 3.1.2.2. Mittelbare graphische Darstellung.
105 Eisenführ/ Schennen Art. 4 Rn 25.
106 Eisenführ/ Schennen Art. 4 Rn 24.

3.1.2.3.2 Rezeptur und chemische Verfahrensbeschreibung

Fraglich ist, ob auch eine Rezeptur oder eine chemische Verfahrensbeschreibung einen Geruch gemäß Art. 4 GMV graphisch darstellen kann. Eine Rezepturangabe gibt die Inhaltsstoffe der jeweiligen Substanz an. Eine chemische Verfahrensbeschreibung ist sowohl die Reaktionsformel als auch die verbale Beschreibung des Reaktionsablaufes. Aus beiden kann entnommen werden, aus welchen chemischen Substanzen die einen Geruch verströmende Substanz besteht.

Gegner dieser Darstellungsform entgegnen, dass diese Informationen nicht genügen, um den Stoff reproduzieren zu können. Vielmehr müssten auch Parameter wie Temperatur, Druck und Mischungsreihenfolge angegeben werden.[107] Dies ist jedoch nicht bei allen Gerüchen der Fall. Sollten zusätzliche Parameter jedoch unerlässlich sein, könnten diese ohne weiteres der Rezeptur bzw. Verfahrensbeschreibung beigefügt werden.

Außerdem wird gegen diese Darstellungsformen eines Geruchs eingewandt, dass nicht der olfaktorische Eindruck, sondern in mittelbarer Weise die chemische Substanz veröffentlicht werde. Hierzu gilt das bereits oben zur chemischen Formel erörterte, nämlich dass die zusätzliche Mittelbarkeit kein Hinderungsgrund für die graphische Darstellbarkeit sein kann.

Problematisch könnte jedoch die Registereinsicht sein. Mit dem Erfordernis der graphischen Darstellung der Marke wird auch der Zweck verfolgt, ein zuverlässiges Auffinden von identischen und ähnlichen prioritätsälteren Marken zu gewährleisten. Fraglich ist, ob das anhand einer Rezepturangabe oder einer Verfahrensbeschreibung möglich ist. Die Eingabe einer Rezeptur oder einer Verfahrensbeschreibung in die Suchmaske des online geführten Registers führt dazu, dass identische und ähnliche Zusammensetzungen aufgefunden werden. Es ist jedoch zu beachten, dass identische Gerüche auch von unterschiedlichen Substanzen hervorgerufen werden können. Ebenso kann nur ein kleiner Unterschied im Mischverhältnis den Geruch komplett verändern. Die Ähnlichkeit der Rezeptur oder Verfahrensbeschreibung sagt daher nichts über die Identität oder Ähnlichkeit des olfaktorischen Zeichens aus. Allerdings besteht dieses Problem auch bei anderen Markenformen. Es wird bei der Geruchsmarke lediglich durch die zusätzliche Mittelbarkeit der Darstellung verstärkt. Abzustellen ist daher auf den Geruchseindruck, nicht auf die vom Anmelder direkt verwendete Substanz, die diesen Geruch erzeugt. Dieser Geruch stellt dann den „Referenzgeruch" dar, der in Bezug auf andere Geruchsmarken hinsichtlich ihrer Identität oder Ähnlichkeit maßgeblich ist.[108] Folglich entspricht eine Rezeptur ebenso wie eine chemische

---

107 So beispielsweise Novak S. 193.
108 So Prof. Peter Boeker vom Institut für Landtechnik in Bonn im Interview vom 24. Juni 2008.

Verfahrensbeschreibung den Anforderungen des Art. 4 GMV und kann einen Geruch graphisch darstellen.

3.1.2.3.3 Wörtliche Beschreibung

Fraglich ist, ob auch die wörtliche Beschreibung eines Duftes den Anforderungen des Art. 4 GMV an die graphische Darstellbarkeit genügt. Zu klären ist, ob ein wahrgenommener Duft mit Worten überhaupt ausgedrückt werden kann. Problematisch ist bei nicht gegenständlichen Zeichen, dass sie im Gegensatz zu gegenständlichen zumeist nur mittelbar beschrieben werden können. Die Beschreibung eines Bildes beispielsweise bereitet weniger Schwierigkeiten als die einer Musikpassage, einer Farbe oder eines Geruchs. Die mit dem Bild einhergehende Form erlaubt eine Objektivierung seiner Eigenschaften, was bei den nicht gegenständlichen Zeichen nicht der Fall ist. Das liegt bei Gerüchen daran, dass der Geruchssinn sowohl Gefühl wie Verstand anspricht. Dabei findet die Reizübertragung und das Erkennen eines Duftes in der rechten, die intellektuellen Aufbereitung und die Zuordnung eines Namens in der linken Gehirnhälfte statt. So erklärt sich das Phänomen, einen Duft genau zu kennen, aber nicht benennen zu können.[109]

3.1.2.3.3.1 Wörtliche Beschreibung in Alltagssprache

Gegen die graphische Darstellung anhand einer wörtlichen Beschreibung wird eingewandt, dass ein Duft zumeist mit Bezug auf ein anderes Objekt, oder durch Adjektive, die einen großen Interpretations- und Assoziationsspielraum lassen und häufig auf sehr persönliche Art beschrieben wird.[110] Dadurch sei die Beschreibung eines Geruchs mit Subjektivität und folglich Relativität behaftet, was der Präzision und der Klarheit entgegenstehe.[111] Daher würden wörtliche Umschreibungen eine Strapazierung des Wortlauts bedeuten. Die wörtliche Wiedergabe würde die unbelegte Prämisse voraussetzen, dass die Vorstellung von einem Geruch aus der Erinnerung mit dem tatsächlichen Geruch übereinstimme und jeder Mensch das gleiche Geruchsempfinden habe. Da sich Beschreibungen primär an die Imagination der Adressaten wenden, könnten sie zur Entstehung einer relativ weit gefächerten Skala subjektiver Vorstellungsinhalte führen und daher keine hinreichend eindeutigen und verlässlichen Informationen liefern.[112] Die subjektive Wahrnehmung von Gerüchen könne sehr unterschiedlich sein

---

109 H&R, Mit Sinn und Verstand, S. 7.
110 Knoblich/ Scharf/ Schubert S. 9; z.B. „Riecht wie meine alte Schule nach den Ferien".
111 So der Generalanwalt Colomner in seinen Schlussanträgen vom 6.11.2001 in der Rechtssache C-273/00 Sieckmann ./. Deutsches Patent- und Markenamt, GRUR Int. 2001, 1072.
112 Kur, MarkenR 2000, 2.

und die Subjektivität würde verstärkt durch das unterschiedliche Sprachverständnis der einzelnen Benutzer. Daher könne die wörtliche Beschreibung häufig so unscharf sein, dass sie nicht einmal, wie erforderlich, als Ausgangspunkt für die Bestimmung des Schutzumfanges dienen könnte.

Es sind aber durchaus Fälle denkbar, in denen durch eine wörtliche Beschreibung der Geruch vollständig, klar, präzise und objektiv wiedergegeben werden kann.[113] Daher muss eine wörtliche Beschreibung als graphische Darstellung zumindest dann genügen, wenn Dritte durch die eingereichte Beschreibung eine unmittelbare und eindeutige Vorstellung von dem Schutzgegenstand der Marke bekommen.[114]

3.1.2.3.3.1.1 Internationaler Umgang mit Geruchsmarken

Bestätigung findet die wörtliche Beschreibung als Darstellungsform von Geruchsmarken auch durch ihre Erwähnung im Gesetzestext verschiedener Länder.[115] Des Weiteren spricht für die graphische Darstellung anhand einer wörtlichen Beschreibung ein Blick in die funktionsfähige Praxis. In Neuseeland[116], Australien[117], den USA[118] und in der EU[119] wurden beispielsweise bereits Geruchsmarken durch eine wörtliche Beschreibung als Darstellungsform angemeldet und teilweise auch erfolgreich eingetragen.

3.1.2.3.3.1.1.1 Neuseeland und Australien

In Neuseeland und Australien wurde die Geruchsmarke zur Klarstellung ihrer Anerkennung in die Aufzählung von Beispielen für mögliche Markenformen in den Gesetzestext des Trade Marks Act aufgenommen.[120] Es wurde jedoch wie auf europäischer Ebene unterlassen, wie die Geruchsmarke darzustellen sei. Einzig den Prüfungsrichtlinien kann hierauf ein Hinweis entnommen werden. Danach soll eine präzise umgangssprachliche Umschreibung des Schutzgegenstandes eine zuverlässige Art der Darstellung einer olfaktorischen Marke sein.[121] Dies wurde in Neuseeland damit begründet, dass keine andere Möglich-

---

113 Vgl. HABM (3. Beschwerdekammer), GRUR 2002, 348 – Der Duft von Himbeeren.
114 So auch HABM (2. Beschwerdekammer), WRP 1999, 682 – The smell of fresh cut grass.
115 Zum Beispiel in Neuseelang, Australien und den USA.
116 Vgl. Fn 36.
117 Vgl. Fn 35.
118 Vgl. Fn 34.
119 Vgl. Fn 33.
120 Trade Marks Act of New Zealand 2002, Section 5; Trade Marks of Act of Australia 1995, Section 6.
121 Practice Guidelines Section 18 of the Trade Marks Act of New Zealand 2002, Absolute Grounds: Distinctiveness, 9.4.1 lautet: "An accurate description of the mark should be

keit der Wiedergabe eines Geruchs bekannt sei, die zugleich die Allgemeinverständlichkeit des Registereintrags gewährleiste.[122]

3.1.2.3.3.1.1.2 USA

Auch in den USA genügt gemäß Chapter 37, Part 2, Section 2.52 (e) des Code of Federal Regulations (C.R.F.) eine detaillierte Beschreibung der Geruchsmarke.[123]

3.1.2.3.3.1.1.3 EU

Auch in der Europäischen Rechtsprechung gibt es mittlerweile einige Entscheidungen zur Geruchsmarke.

3.1.2.3.3.1.1.3.1 Entscheidung „Duft von frisch geschnittenem Gras"

Als Geruchsmarke wurde „Der Duft frisch geschnittenen Grases" beim HABM am 11. Dezember 1996 zur Anmeldung eingereicht.[124] Der Prüfer lehnte die Eintragung der Geruchsmarke mit der Begründung ab, dass die wörtliche

---

supplied, such as "the scent of apple blossoms applied to car tyres". The description should be phrased using everyday terms..." Vgl. www.iponz.govt.nz/iponz-docs/0/05AbsoluteGroundsDistinctiveness.pdf (letzter Aufruf 19.11.2009); Trade Marks Office Manual of Practice & Procedure of Australia, Part 21, 7.1 lautet: "The application must include a graphical representation of the scent mark. This could be a precise verbal description of the scent such as "the scent of apple blossoms"..." Vgl. www.ipaustralia.gov.au/pdfs/trademarkmanual/trade_marks_examiners_manual.htm#part_21_new_kinds_of_signs/7._scent_trade_marks.htm (letzter Aufruf 19.11.2009).

122 Practice Guidelines Section 18 of the Trade Marks Act of New Zealand 2002, Absolute Grounds: Distinctiveness, 9.4.1: "...The use of a written description is currently the only practical way of representing a smell that would convey a meaning to a person observing the register." Vgl. www.iponz.govt.nz/iponz-docs/0/05AbsoluteGrounds Distinctiveness.pdf (letzter Aufruf 19.11.2009).

123 37 C.R.F. § 2.52 (e) lautet: „Sound, scent, and non-visual marks. An applicant is not required to submit a drawing if the mark consists only of a sound, a scent, or other completely non-visual matter. For these types of marks, the applicant must submit a detailed description of the mark."

124 Bereits zuvor wurde dieser Geruch vor dem Benelux-Markenamt als Marke angemeldet (19. Juli 1996, Anmeldenummer 875407). Dort wurde die wörtliche Beschreibung als ausreichend angesehen, da sie den Schutzgegenstand mit der erforderlichen Bestimmtheit wiedergebe, und eine Eintragung ins Markenregister vorgenommen. Hierbei ist jedoch zu beachten, dass zu dem Zeitpunkt der Eintragung gemäß der seit dem 1. Januar 1971 geltenden Definition der Marke im Benelux-Markengesetz alle unterscheidungskräftigen Zeichen umfasst waren. Erst durch die zum 11. Dezember 2001 erfolgte Gesetzesänderung wurde die Eintragungsvoraussetzung der graphischen Darstellbarkeit in das Benelux-Markengesetz aufgenommen.

Beschreibung „Der Duft frischen, geschnittenen Grases" keine graphische Darstellung der Geruchsmarke selbst sei und weiterhin die Marke im Anmeldeantrag in keiner Gestalt oder Form zugegen sei. Hiergegen wandte der Anmelder ein, dass Geruchsmarken nicht vom Schutz als Gemeinschaftsmarken ausgeschlossen seien. Die graphische Darstellbarkeit solle lediglich sicherstellen, dass Dritte in der Lage wären, den Schutz der Marke bei einer Veröffentlichung zu beurteilen. Maßgeblich sei hierbei der Einzelfall. Im Übrigen verwies der Anmelder auf die Eintragungspraxis in Großbritannien, wo in ähnlichen Fällen Geruchsmarken bereits eingetragen worden seien.

Trotz dieser Einwände wies der Prüfer die Eintragung dieser Geruchsmarke zurück. Die Marke sei nicht graphisch wiedergegeben. Eine Geruchsmarke sei beantragt und eine verbale Beschreibung der Marke eingereicht. Dadurch sei nicht klar, wo der Schutzbereich beginnt und wo er endet.

Die zweite Beschwerdekammer des HABM hob diese Entscheidung auf. Sie hat die Beschreibung des Duftes „von frisch geschnittenem Gras" für Tennisbälle als graphische Darstellung genügen lassen.[125] Sie vertrat die Auffassung, dass die Bestimmung der angemeldeten Marke durch die wörtliche Beschreibung hinreichend sei. Es handele sich bei dem Duft „von frisch geschnittenem Gras" um einen ganz speziellen Duft, den jedermann aufgrund der Erfahrung wieder erkenne und der ihn an Frühling oder Sommer, gemähten Rasen oder an Spielfelder erinnere.

Dieser liberalen Auffassung wird kritisch gegenübergestanden. Zweifel bestehen daran, ob frisch geschnittenes Gras immer gleich riecht, unabhängig von beispielsweise Klima oder Samenart. Außerdem ist fraglich, ob sich dieser Geruch tatsächlich wesentlich von dem Geruch von Gras unterscheidet, dessen Schnitt bereits einige Tage zurückliegt.[126] Zudem begegnet die Bestimmtheit der Beschreibung Zweifeln. Bei Farben beispielsweise besteht eine Vielzahl der unter einen Farbbegriff fallenden Farbtöne oder Farbschattierungen. Um eintragungsfähig zu sein, muss diese Farbschattierung genau bestimmt werden.[127] Verneinte man die Existenz verschiedener Geruchsnuancen innerhalb eines Geruchsbereichs, hätte dies wiederum wesentliche Konsequenzen für den Schutzbereich. Dieser würde zugunsten des Anmelders ausgeweitet.

Dabei sind allerdings die Unterschiede im Europäischen Markt und der Relativität der Wahrnehmung zu beachten. Wenn frisch geschnittenes Gras in Irland geringfügig anders duftet als in Griechenland, stellt dies keine Besonderheit einer Geruchsmarke dar. Auch Wortmarken entfalten in klanglicher und begrifflicher Hinsicht in jedem Sprachraum einen unterschiedlichen Schutzbereich.

---

125 HABM (2. Beschwerdekammer), WRP 1999, 681 – The smell of fresh cut grass.
126 Viefhues, MarkenR 1999, 251.
127 HABM, GRUR Int. 1998, 612 – Orange.

Während ein Brite die Marken „Paul" und „Pol" für klanglich ähnlich halten wird, dürfte einem Deutschen ihre Unterscheidung möglich sein.[128]

3.1.2.3.3.1.1.3.2 Entscheidung „Duft von Himbeeren"

Die Entscheidung des HABM „Duft von Himbeeren" bestätigt ebenfalls die Ansicht, dass ein Duft mittels einer wörtlichen Beschreibung darstellbar ist. Zwar lehnte auch in diesem Fall der Markenprüfer am HABM die Eintragung der Marke unter Verweis auf die mangelnde Bestimmtheit der wörtlichen Wiedergabe zunächst ab. Dem setzte der Anmelder aber entgegen, dass der Duft von Himbeeren immer ein klar unterscheidbarer Geruch sei, welcher für jedermann unmittelbar aus der Erfahrung her erkennbar sei und der an den angenehmen Geschmack von Himbeeren, Himbeerschlecker, das Pflücken von Himbeeren im Wald und so weiter erinnere.

Im darauf folgenden Beschwerdeverfahren ging die 3. Beschwerdekammer von der Markenfähigkeit der Geruchsmarke „Der Duft von Himbeeren" aus.[129] Eine mittelbare Beschreibbarkeit reiche dann aus, wenn die begehrte Markenform ihrer Natur nach nicht unmittelbar schriftlich oder bildlich dargestellt werden kann und solange dem Bestimmtheitsgebot im Rahmen des Anmeldetages genügt wurde. Der Duft von Himbeeren bleibe nicht vage und ungenau und sei immer erkennbar wegen des Bezuges auf die Frucht. Für eine subjektive Auslegung seitens der Verbraucher oder des Amtes bleibe kein Raum. Die Beschreibung des Zeichens in Worten genüge, um eine klar unveränderbare Botschaft zu senden, da der Geruch von Himbeeren ein einzigartiger, reiner Geruch sei.

3.1.2.3.3.1.1.3.3 Entscheidung „Odeur de fraise mûre"

In seiner jüngsten Entscheidung, „Odeur de fraise mûre,[130] spricht sich das Europäische Gericht (EuG) ebenfalls für die generelle Möglichkeit der graphischen Darstellung durch eine wörtliche Beschreibung des Riechzeichens aus. In dieser Entscheidung stellte das Gericht fest, dass sich mit einer Beschreibung zwar keine Riechzeichen graphisch darstellen lassen, für die zahlreiche Beschreibungen in Frage kommen, dass aber nicht völlig auszuschließen ist, dass ein Riechzeichen Gegenstand einer Beschreibung sein kann, die alle Voraussetzungen des Art. 4 GMV in seiner Auslegung durch die Rechtsprechung erfüllt.

---

128 Hildebrandt, MarkenR, 2002, 3.
129 HABM (3. Beschwerdekammer), GRUR 2002, 348 – Der Duft von Himbeeren.
130 EuG, MarkenR 2005, 536 ff. – Odeur de fraise mûre.

3.1.2.3.3.1.1.3.4 Entscheidung „Sieckmann"

In der „Sieckmann"-Entscheidung[131] hingegen wird der wörtlichen Beschreibung als Möglichkeit der graphischen Darstellbarkeit gem. Art. 4 GMV eine Absage erteilt. Bereits der Markenprüfer beim DPMA lehnte die Eintragung einer Geruchsmarke, die durch die Worte „balsamisch-fruchtiger Duft mit einem leichten Anklang an Zimt" dargestellt wurde, ab. Auf die Beschwerde des Anmelders hin setzte das BPatG[132] das Verfahren aus und legte es dem EuGH zur Vorabentscheidung vor. Das BPatG stellte in diesem Rahmen unter anderem die Frage, ob es den Anforderungen an die graphische Darstellbarkeit im Sinne von Art. 2 MRRL genüge, wenn ein Geruch durch eine Beschreibung wiedergegeben werde.[133]

Wie bereits oben unter 3.1.2.2.5 teilweise erörtert, hat der EuGH festgestellt, dass ein Zeichen, das als solches nicht visuell wahrnehmbar ist, eine Marke sein kann, sofern es insbesondere mit Hilfe von Figuren, Linien oder Schriftzeichen graphisch dargestellt werden kann und die Darstellung klar, eindeutig, in sich abgeschlossen, leicht zugänglich, verständlich, dauerhaft und objektiv ist.[134] Dass jedoch im Falle der Wiedergabe einer Geruchsmarke eine ausschließliche wörtliche Beschreibung des Schutzgegenstandes nicht genüge, um den olfaktorischen Eindruck in einer hinreichend bestimmten, klaren, eindeutigen und objektiven Art und Weise darzustellen.

Diese Bedingung des EuGH zur graphischen Darstellbarkeit von visuell nicht wahrnehmbaren Zeichen dient dem Zweck der Identifizierbarkeit der eingetragenen Marke. Zu beachten ist aber, dass gerade die unmittelbare Wahrnehmung entscheidend für die Beurteilung eines Zeichens ist. Denn erst wenn ein Zeichen unmittelbar sinnlich wahrgenommen wird, kann es eindeutig identifiziert bzw. mit ähnlichen Zeichen verglichen werden. Da der EuGH grundsätzlich nicht visuell wahrnehmbare Zeichen für markenfähig hält, diese aber immer nur mittelbar graphisch darstellbar sind, muss diejenige graphische Darstellung eines nicht visuell wahrnehmbaren Zeichens als den Anforderungen genügend angesehen werden, die eine exakte Reproduktion des jeweiligen Zeichens gewährleistet. Dies kann für charakteristische Gerüche auch eine wörtliche Beschreibung sein.

3.1.2.3.3.1.2 Zwischenergebnis: wörtliche Beschreibung in Alltagssprache

Die Frage der Zulässigkeit einer wörtlichen Beschreibung in Alltagssprache als Surrogat für die Darstellung einer Geruchsmarke kann nicht pauschal beantwortet werden. Jedenfalls wenn der Schutzbereich der zugrunde liegenden Marke

---

131 EUGH, GRUR Int. 2003, 449 ff. – Sieckmann.
132 BPatG, GRUR 2000, 1044 ff. – Riechmarke.
133 BPatG, GRUR 2000, 1044 ff. – Riechmarke.
134 EuGH, GRUR Int. 2003, 449 – Sieckmann.

durch die Umschreibung in Alltagssprache bestimmbar wird, genügt die Wiedergabe den Anforderungen des Art. 4 GMV. Beispielsweise eignet sich die wörtliche Beschreibung in Alltagssprache bei einem speziellen und charakteristischen Duft als graphische Darstellung.

3.1.2.3.3.2 Wörtliche Beschreibung aufgrund eines Klassifikationssystems

Neben der Beschreibung in Alltagssprache könnte eine Kategorisierung von Gerüchen helfen, Gerüche objektiv beschreibbar zu machen. Durch die Kategorisierung von Gerüchen könnte ein allgemeinverbindliches Vokabular geschaffen werden.

Gegen die Kategorisierung von Gerüchen wird eingewandt, dass aufgrund der Vielfalt der vorhandenen Gerüche und der Komplexität des Geruchssinnes eine allgemeingültige, vollkommen objektive Geruchsklassifikation nicht erreichbar sei. Da kein allgemeingültiges Vokabular zur Einteilung von Gerüchen bestehe, das die Identifizierung eines bestimmten Geruchs hinreichend gewährleisten könnte, entspreche eine verbale Beschreibung nicht dem vorgegebenen Bestimmtheitsmaßstab.[135]

Zu prüfen ist daher, inwieweit bereits Kategorisierungen von Gerüchen existieren und ob Düfte dadurch eindeutig identifizierbar sind.

3.1.2.3.3.2.1 Historische Klassifikationen

Es wird bereits seit geraumer Zeit versucht Gerüche zu kategorisieren. Bei Gerüchen orientiert sich das Vokabular für die verbalen Beschreibungen an den Assoziationen bzw. Sinnesempfinden, die bei einer Konfrontation mit dem in Frage stehenden Geruch ausgelöst und wahrgenommen werden. Bereits Aristoteles (385 v. Chr.) teilte Gerüche in sechs Stoffgruppen (stechend, süß, herb, ölig, bitter, scharf) auf. Er orientierte sich hierbei an seiner Klassifikation des Geschmackssinnes, da er den Geruchssinn in engem Zusammenhang mit dem Geschmackssinn sah.[136] Diese Kategorisierung gilt heute jedoch als veraltet.

Ein weiterer Versuch Gerüche zu klassifizieren stammt von Zwaardemaker aus dem Jahr 1895. Dabei bezieht er sich auf die systematische Taxonomie der Pflanzen von Carl von Linné (1707-1778). Dieser unterschied Pflanzen unter anderem anhand von Gerüchen und teilte diese in sieben Klassen (aromatische, wohlriechende, ambrosische, knoblauchhafte/ lauchartige, schweißige/ böckelnde, faulige und Übelkeit erregende Gerüche) ein.[137] Zwaardemaker verfeinerte diese Klassifikation und unterscheidet neun Hauptklassen (ätherische, aromatische, balsamische, ambrosiche/ moschusartige, knoblauchartige/ lauch-

---

135 Sessinghaus, WRP 2002, 654.
136 Harper/ Bate Smith/ Land S. 17 f.
137 Harper/ Bate Smith/ Land S. 18.

artige, brenzliche/ angenehm verbrannte, schweißige, faulige und Übelkeit erregende Gerüche). Diese Einteilung wird nach wie vor verwendet, gilt aber als überholt.

Eine weitere Klassifikation ist das Geruchsprisma von Hans Henning aus dem Jahr 1915. Die Grundlage dieser Klassifikation sind die sechs Geruchsqualitäten an den Ecken eines Prismas. Das sind die Gerüche faulig, fruchtig, harzig, würzig, blumig und brenzlich.[138] Alle Gerüche sind Mischungen aus den Grundkomponenten und im Prisma an den Kanten angeordnet. Dieses Model hat sich jedoch als nicht geeignet erwiesen, Geruchswahrnehmungen zu erklären.[139]

Die Chemiker Crocker und Henderson stellten im Jahr 1927 ein Klassifizierungssystem für Düfte vor. Sie übernahmen dabei vier der Zwaardemakerschen Kategorien (duftend, sauer, brenzlich und schweißig/ böckelnd). Diese vier Hauptqualitäten sind nach Ansicht von Crocker und Henderson in jedem Geruchsstoff vorhanden. Die Gerüche wurden von ihnen auf der Basis ihrer Erfahrung den vier Hauptqualitäten zugeordnet. Jeder mögliche Geruch wird durch eine vierstellige Zahl charakterisiert. Eine Reihe von Beispielen, die als besonders pur und stabil gelten, normieren die Hauptgerüche. Das System wird kritisiert, weil es zu keinen konsistenten Ergebnissen führe, wenn die Gerüche von Laien eingeschätzt würden.[140]

John Amoore entwickelte 1977 ein bis heute weit verbreitetes Modell der Kategorisierung, das auf der Annahme beruht, dass es sieben stereochemische Geruchsklassen gibt, die jeweils mit dem Primärgeruch korrespondieren. Die von ihm bezeichneten Primärgerüche sind: ätherisch, blumig, pfefferminzartig, kampferartig, moschusartig, stechend und faulig. Als Grundlage für diese Klassifikation dient die Theorie der Funktion der Geruchsrezeptoren. Nach Amoore sind für die verschiedenen Primärgerüche verschiedene Molekülstrukturen verantwortlich. An den Riechsinneszellen gibt es Rezeptoren, die nur die passenden Moleküle binden (Enzym-Substrat-Interaktion). Auf Basis dieser Beobachtungen entwickelte Amoore seine stereochemische Geruchstheorie. Demnach wird eine Geruchsempfindung genau dann ausgelöst, wenn ein Molekül auf den richtigen Rezeptor trifft. Bei dieser Theorie benötigt der stimulierende Stoff keine funktionelle Gruppe. Eine hohe Symmetrie ist ausreichend, um einen Reiz auszulösen. Auf diese Art sind alle Primärgerüche definierbar. Mischgerüche entstehen dadurch, dass Riechstoffe in der Lage sind, verschiedene Rezeptoren zu besetzen. Aber viele blumige Gerüche haben Strukturen, die nicht in das System passen. Um alle Geruchswahrnehmungen des Menschen zu erfassen,

---

138 Harper/ Bate Smith/ Land S. 28 f.
139 Gschwind S. 35.
140 Harper/ Bate Smith/ Land S. 30.

sind mehr als nur sieben Klassen notwendig.[141] Die stereochemische Geruchstheorie von Amoore ist daher auch aus chemischer Sicht nur als Annäherung an ein sehr komplexes Problem zu werten.

3.1.2.3.3.2.2 Klassifikation der Parfümeure

Ein anderer Ansatz Gerüche zu kategorisieren, kommt aus der Parfumindustrie. Hier existieren Klassifikationen der Parfümeure. Zum einen gibt es den Fachterminus der Parfümeure zur Beschreibung eines olfaktorischen Eindrucks, der durch die Internationale Organisation für Normung (ISO) in internationalen Normen festgehalten ist. So ist nicht nur die Methode zur Analysierung von Gerüchen, sondern auch das zu verwendende Vokabular genormt.[142] Zurzeit ist ein Schema mit bis zu 27 Geruchsklassen, die sich untereinander kombinieren lassen, Standard.[143]

Zum anderen gibt es verschiedene Klassifikationen und Ordnungssysteme von bekannten Parfümeuren. So hat beispielsweise Haarmann und Reimer 1974 die Klassifizierung der Extrait-Parfums in Form einer Genealogie vorgestellt. Naarden International klassifizierte 1981 die Parfums anhand der Rohmaterialien der Parfumindustrie. Die 1984 erschienene Klassifikation des Parfums der Société Technique des Parfumeurs de France trat mit dem Anspruch auf, im Unterschied zu den bereits vorhandenen Klassifizierungen, die mit Hilfe von Archetypen die Idee einer Genealogie verfolgen, eine klare und vorrangig objektive Einteilung der Parfums entwickelt zu haben. Demgegenüber wird in der Klassifikation von Givaudan davon ausgegangen, dass eine strenge Klassifikation von Parfums nicht möglich sein kann.

Soweit ein Geruch im Einzelfall im Terminus technicus der Parfümeure eindeutig wiedergegeben werden kann, muss die Wiedergabe dieses olfaktorischen Eindrucks in dieser Art und Weise gemäß Art. 4 GMV zulässig sein.[144] Die Marke wird hierdurch nicht nur präzise wiedergegeben, sondern der maßgebende Fachmann zugleich in die Lage versetzt anhand der hinterlegten Daten eine Reproduktion des Schutzgegenstandes vorzunehmen.[145] Der hierdurch gewonnene Duft stellt dann wieder den für den Schutzgegenstand maßgeblichen „Referenzgeruch" dar.[146]

---

141 Amoore selbst hat ebenso wie einige andere Wissenschaftler seine Idee der Klassifikation später verworfen, da sie der Ansicht sind, dass mehr als nur sieben Klassen notwendig seien, um unterschiedliche Geruchswahrnehmungen des Menschen zu erfassen.
142 S. www.iso.org (letzter Aufruf 19.11.2009).
143 Novak S. 180.
144 So auch der Kläger im EuGH-Verfahren in der Rechtssache C-273/00, Ralf Sieckmann ./. Deutsches Patent- und Markenamt, EuGH, GRUR Int. 2003, 452 – Sieckmann; Hawes, Vol. 79 TMR, 145.
145 Siehe auch Hawes, Vol. 79 TMR, 147.
146 Vgl. bzgl. des „Referenzgeruchs" das bereits oben unter 3.1.2.3.2 Erörterte.

3.1.2.3.3.2.3 Beschreibung durch den allgemein gebräuchlichen Stoffnamen

Eine andere Möglichkeit Gerüche zu objektivieren, besteht darin die Substanzen anhand ihres allgemein gebräuchlichen Stoffnamens zu bestimmen. Zwar besitzen nicht alle chemischen Substanzen oder Gemische einen allgemein gebräuchlichen Stoffnamen, sondern nur diejenigen, bei denen sich aufgrund häufiger Verwendung ein solcher herausgebildet hat. Daher kommt diese Wiedergabeart auch nur für diese in Betracht.

Es wird eingewandt, dass die allgemein gebräuchlichen Stoffnamen sehr ähnlich sein können, obwohl sie einen ganz unterschiedlichen Duft verströmten und daher eine hohe Verwechslungsgefahr bestünde.[147] So duftet Geranylsilylether nach Halogen, während Geranylmethylether einen frisch-grünen, öligrosigen Duft verströmt. Eine mögliche Verwechslungsgefahr ist jedoch kein Versagungsgrund für die Anerkennung als zulässige Art der Darstellung. Ebenso ist unerheblich, dass der Stoffname unter Umständen nur Fachleuten eine Vorstellung von dem jeweiligen Geruch vermitteln kann.

3.1.2.3.3.2.4 Zwischenergebnis: wörtliche Beschreibung aufgrund eines Klassifikationssystems

Komplexere Düfte lassen sich unter Umständen mit Worten in der Alltagssprache nicht eindeutig beschreiben. Hier könnte die Beschreibung aufgrund eines Klassifikationssystems Bestimmbarkeit durch Fachleute gewährleisten.[148] Zwar existiert gegenwärtig noch keine einheitliche und allgemein anerkannte internationale Klassifikation von Düften, ähnlich der Farblehre durch internationale Farbcodes, der Notenschrift oder der Unterteilung des Geschmackssinns. Daher ist die objektive und präzise Erkennung eines Riechzeichens dank der Zuteilung präziser Bezeichnungen oder Codes nicht für jeden beliebigen Duft möglich. Allerdings ist eine Vielzahl von Düften denkbar, die durch ein Klassifikationssystem eindeutig bestimmt werden können. Dass dies nicht für alle erdenklichen Düfte der Fall ist, spricht nicht gegen die graphische Darstellbarkeit nach Art. 4 GMV durch eine wörtliche Beschreibung mittels eines Klassifikationssystems.

3.1.2.3.4 Abbildung des den Duft verströmenden Objekts

Als weiteres Surrogat für die graphische Darstellung eines Riechzeichens kommt die Abbildung des den Duft verströmenden Objekts in Betracht. Hiergegen wird eingewandt, dass eine solche Darstellung ungenau sei, weil weder die zuständigen Behörden noch die angesprochenen Verkehrskreise feststellen

---

147 Novak S. 195.
148 So auch Hildebrandt, MarkenR 2002, 4 f.

könnten, ob es sich bei dem zu schützenden Zeichen um die Abbildung des Objekts selbst oder um dessen Duft handele.[149] Außerdem würde die Abbildung des Objekts gedanklich durch Worte ersetzt, was darauf hinauslaufe, dass der Duft in Worten definiert werde. Darüber hinaus werde durch die Abbildung des den Duft verströmenden Objekts nur das Objekt dargestellt und nicht der beanspruchte Duft selbst.[150]

Hierzu ist festzustellen, dass in der Anmeldung angegeben ist, ob es sich bei dem Zeichen um eine Bild- oder eine Riechmarke handelt. Insofern kann kein Zweifel an der Art des angemeldeten Zeichens herrschen.[151] Genauso können die Behörden und die angesprochenen Verkehrskreise feststellen, ob ein Notensystem ein Bildzeichen darstellt, das aus Linien und Zeichen besteht, oder die Melodie, deren Transkription das Notensystem sein soll. Außerdem kann jede bildliche Darstellung welcher Markenform auch immer sprachlich beschrieben werden. Sie wird gedanklich immer dann durch eine Beschreibung ersetzt werden, wenn diese Beschreibung einfacher zu behalten ist als die bildliche Darstellung selbst.[152] So wird insbesondere das Notensystem eines Klangzeichens, das in einer sehr bekannten Melodie besteht, sehr wahrscheinlich gedanklich durch den Namen dieser Melodie ersetzt werden. Der Einwand, dass durch die Abbildung des den Duft verströmenden Objekts nur das Objekt dargestellt wird und nicht der beanspruchte Duft selbst, ist mit dem Hinweis darauf, dass lediglich eine mittelbare Darstellung erforderlich ist, hinfällig.

Allerdings lassen sich mit einer Abbildung des den Duft verströmenden Objekts keine Riechzeichen darstellen, für die zahlreiche Abbildungen in Frage kommen. Zudem ist diese Darstellungsform nur für objektbezogene Gerüche denkbar. Dass komplexere und objektunabhängige Gerüche nicht durch eine derartige Abbildung darstellbar sind, steht aber der grundsätzlichen graphischen Darstellbarkeit von Gerüchen anhand einer Abbildung des den Duft verströmenden Objekts nicht entgegen. Es führt lediglich zu einem nur sehr kleinen Anwendungsbereich dieser Darstellungsart.

3.1.2.3.5 Gaschromatograph

Fraglich ist, ob sich ein Geruch auch anhand eines Gaschromatographen darstellen lässt und damit den Anforderungen der graphischen Darstellung gemäß Art. 4 GMV genügt. Die Gaschromatographie dient der Trennung und quantitativen Bestimmung verdampfbarer Stoffgemische.[153] Die Substanz wird von einem inerten Trägergas (zum Beispiel Helium) über die in einem längeren,

---

149 HABM (1. Beschwerdekammer) vom 24.05.2004, R 591/2003-1 Odeur de fraise mûre.
150 EuG, MarkenR 2005, 536 – Odeur de fraise mûre.
151 So auch EuG, MarkenR 2005, 536 – Odeur de fraise mûre.
152 EuG, MarkenR 2005, 536 – Odeur de fraise mûre.
153 Meyers S. 2383.

dünnen Rohr (Trennsäule) befindliche stationäre Phase geleitet. Aufgrund von Adsorptions- und Löslichkeits-Verteilungsvorgängen wandern die Einzelsubstanzen mit verschiedener Geschwindigkeit durch die Trennsäule und treten am Ende der Säule getrennt aus. Der Nachweis der einzelnen Bestandteile erfolgt mit einem Detektor auf Grund der Veränderung der Wärmeleitfähigkeit des Trägergases oder durch Ionisation einer Wasserstoffflamme. Diese Veränderungen werden (nach elektronischer Verstärkung) über einen Schreiber wiedergegeben und liefern ein so genanntes Gaschromatogramm, aus dem die Substanzmengen und die charakteristische Substanzkonstante, die Retentionszeit (Zeit, die zwischen dem Auftreten des Trägergaspeaks und des Substanzpeaks vergeht), abgelesen wird. Zur qualitativen Identifizierung dienen die unterschiedlichen Verweilzeiten in der Säule (Retentionszeiten), zur Bestimmung der Stoffe die Stärke des Detektorsignals. Die Gaschromatographie gestattet die Bestimmung und Trennung chemisch sehr ähnlicher Substanzen mit kleinsten Mengen.

Die technisch-graphische Darstellung von Geruch mittels eines Gaschromatograph ist auf die Darstellung der chemischen Komponenten beschränkt, selbst wenn ein ausführlicher technischer Erklärungsapparat beigefügt ist. Die Formel ihrer Mischung, beziehungsweise die Zugabe bestimmter geruchserzeugender Komponenten, scheinen darin nicht so auf, dass das Resultat des Gaschromatographen als Repräsentation der Marke gewertet werden könnte. Das technische Know-how des Herstellungsverfahrens, etwa wann Zusatzstoffe beigefügt werden oder wie die Temperaturverhältnisse während des Produktionsvorgangs sind, lassen sich durch nachträgliche physikalische Messung nicht präzise ermitteln.[154]

Üblicherweise werden bei Gaschromatogrammen wegen der Reproduzierbarkeit wenigstens die Art und Länge der eingesetzten Chromatographiesäule, die Art des Packmaterials, die Art des Detektors und die Temperatur angegeben. Aber auch die Wiedergabe mit diesen Parametern für eine Reproduktion des Chromatogramms selbst versetzen den Fachmann in der Regel nicht in die Lage, zum Geruchseindruck der unter Umständen rund 100 Komponenten aufweisenden Parfummischung zu gelangen.[155] Folglich kann eine Darstellung eines Geruchs mittels Gaschromatograph nur ergänzend hinzugezogen werden. Sie allein reicht für eine graphische Darstellung nach Art. 4 GMV nicht aus.

3.1.2.3.6 Massenspektroskopie

Als weiteres Surrogat für die graphische Darstellung einer Geruchsmarke kommt ein Massenspektrogramm in Betracht. Die Massenspektroskopie ist ein Verfahren zur Stoffidentifizierung und -trennung.[156] Bei ihr wird eine geringe

---

154 Meister, WRP 2000, 968.
155 Sieckmann, WRP 2002, 492.
156 Welt Lexikon (Band 12) S.283.

Menge der zu untersuchenden Substanz in einem Hochvakuum ionisiert und fragmentiert. Die einzelnen Moleküle und Atome werden anschließend im gasförmigen Zustand durch ein Magnetfeld geführt. Aufgrund der unterschiedlichen Masse der Moleküle bzw. Atome und der daraus resultierenden individuell verschiedenen Trägheit erfolgt eine unterschiedlich starke Ablenkung. Diese wird mit Detektoren registriert und in einem so genannten Massenspektrogramm festgehalten.

Anhand des Ergebnisses der so genannten hochauflösenden Massenspektroskopie können dem Massenspektrogramm nicht nur alle in dem Gemisch vorkommenden Elemente entnommen werden, sondern es ist auch möglich die Strukturformel der analysierten Substanz zu erstellen.[157] Somit hat die Massenspektroskopie die gleiche Aussagekraft wie die Strukturformel, wodurch die den Duft verströmende Substanz, wie bereits oben erörtert[158], eindeutig bestimmt bzw. bestimmbar ist.

3.1.2.3.7 Elektronische Nase

Fraglich ist, ob die elektronische Nase, die ein technisches System zur Messung von Gerüchen darstellen soll, als Surrogat zur graphischen Darstellung von Gerüchen geeignet ist. Bei der Aufnahme eines Geruchs in die elektronische Nase wird die gesamte Probe als komplexe Mischung am so genannten Sensor-Array registriert. Dies ist der entscheidende Unterschied zur herkömmlichen Analyse von Gerüchen mittels Gaschromatographie und Massenspektroskopie, bei denen vor der Probenzuführung zum Detektionssystem eine Trennung in Einzelkomponenten stattfindet. Zur Messung eines Geruchs erzeugen mikroelektronische Gassensoren elektronische Signale. Der Begriff „elektronische Nase" vereint damit das Erkennen von Gerüchen mit der technischen Durchführung mit elektronischen Sensoren.

Bei einer elektronischen Nase handelt es sich um eine Apparatur, die bei einem Gaschromatographen anstelle des Detektors zur Erzeugung eines Chromatogramms angeschlossen wird. Sie besteht aus mehreren Rezeptoren, deren Dicke weniger als ein Fünfzigstel eines menschlichen Haares beträgt. Jeder Rezeptor ist mit einem anderen Material beschichtet. Trifft nun ein Molekül der zu untersuchenden Substanz auf einen solchen Rezeptor, so kommt es zu einer elektrochemischen Reaktion mit dem Trägermaterial. Die meisten der bislang entwickelten elektronischen Nasen messen die Änderung der Leitfähigkeit des sensitiven Materials bei der Sorption des Analyten.[159] Problematisch bei diesem Verfahren ist jedoch, dass es nur dann zu einer elektrochemischen Reaktion kommt, wenn das Molekül mit dem Trägermaterial des jeweiligen Rezep-

---

157 Novak S. 218.
158 Siehe 3.1.2.3.1 Chemische Formel.
159 Novak S. 221.

tors reagieren kann. Folglich können nicht beliebige, insbesondere unbekannte Gemische dargestellt werden, sondern nur solche, die sich durch die individuelle Kombination von Rezeptoren mit der erforderlichen Präzision hinreichend genau charakterisieren lassen. Da die Rezeptoren keine linearen Kennlinien besitzen, sind darüber hinaus selbst bei Substanzen, die sich durch die Kombination der jeweiligen Rezeptoren wiedergeben lassen, quantitative Aussagen über Moleküle problematisch. Durch die elektronische Nase können daher nur solche Substanzen wiedergeben werden, die sich mit der Zahl der Rezeptoren und deren möglichen Beschichtungen hinreichend genau individualisieren lassen.

Die elektronische Nase soll dem menschlichen Riechsystem nachempfunden sein. Dabei ist zu beachten, dass es im eigentlichen Sinne keine elektronische Nase geben kann, da Gerüche durch das Gehirn interpretiert werden müssen, das technische Messsystem dagegen nur Daten zu Gaskonzentrationen, sowohl der geruchlosen als auch der geruchsaktiven Gase liefert.[160] Im Vergleich zur menschlichen Nase haben elektronische Nasen aber den Vorteil, dass das Verfahren objektiver ist als die Geruchserkennung durch die menschliche Nase, da es nicht von subjektiven Faktoren, wie zum Beispiel der Tagesform des Testers, abhängig ist. Des Weiteren tritt bei elektronischen Nasen keine Adaption auf.

Die vorgebliche Analogie von elektronischen Nasen mit der Funktion des Geruchssinns ist irreführend. Größer als die Ähnlichkeiten zum Geruchssinn sind die Unterschiede. Signalentstehung bei den verfügbaren Gassensoren erfolgt nach völlig anderen Prinzipien als bei Riechzellen. Eine Anzahl von etwa 1000 verschiedenen genetisch kodierten Rezeptorproteinen in den Zellmembranen der Riechzellen hat sehr selektiv mit einem Teil der gasförmigen Verbindungen, den dadurch definierten Geruchsstoffen, eine Wechselwirkung. Teilweise werden selbst Stereoisomere von Verbindungen deutlich differenziert wahrgenommen. Die technischen Gassensoren zeichnen sich dagegen durch eine Breitbandigkeit des Ansprechens auf gasförmige Komponenten aus. Chemisch Ähnliches wird mit ähnlicher Signalstärke detektiert. Eine Filterungsfunktion bezüglich der geruchstragenden Stoffe, wie bei den Riechzellen vorhanden, tritt bei Gassensoren daher nicht auf. Unterschiedslos werden von geruchlosen und geruchsaktiven Stoffen Signale erzeugt. Erschwerend kommt hinzu, dass je nach dem verwendeten Sensortyp ganz unterschiedliche, begrenzte Stoffgruppen gemessen werden können. Elektronische Nasen sind daher keine Geruchsmesssysteme. Dafür sind die Unterschiede zum biologischen Geruchssinn zu groß, dessen deutlichster die Mitmessung auch völlig geruchsloser Gase durch die breitbandigen Gassensoren ist.[161] Elektronische Nasen sind daher für die graphische Darstellbarkeit nach Art. 4 GMV ungeeignet.

---

160 Www.wikipedia.org (letzter Aufruf 19.11.2009).
161 Www.wikipedia.org (letzter Aufruf 19.11.2009).

3.1.2.3.8 Probe und Beschaffungsadresse

Weiter stellt sich die Frage, ob ein Hinweis im Register auf die Hinterlegung einer Probe zusammen mit der Angabe einer Beschaffungsadresse, bei der der geschützte Geruch bezogen werden kann, als Surrogat für die graphische Darstellung ausreichend ist. Wird die Hinterlegung zusammen mit dem Hinweis vorgenommen, wo die Geruchsmarke beschafft werden kann, so erfolgt dies, um dem prüfenden Markenamt und den Wettbewerbern einen unmittelbaren Geruchseindruck der Geruchsmarke zu ermöglichen. Eine Geruchsprobe hat den entscheidenden Vorteil, dass sie unmittelbar sinnlich wahrgenommen werden kann. Hier ist keine Transformation in eine technische Darstellung und Entschlüsselung dieser Darstellung durch den Betrachter notwendig. Dritte sind nach dem Kauf dieser Chemikalie in die Lage versetzt, sich einen genauen und objektiven Eindruck von der veröffentlichten Marke zu machen.[162] Die originäre Beurteilung ermöglicht die Vermeidung von Fehlern, die durch eine Abstraktion entstehen könnte. Sie bietet die Möglichkeit, Gerüche unmittelbar sinnlich zu erfassen und gegebenenfalls mit anderen Geruchskennzeichnungen zu vergleichen. Hierdurch wird eine direkte Identifizierung und Abgrenzung eines bestimmten Geruchs gegenüber anderen Geruchsproben ermöglicht. Da auf diese Weise eine unmittelbare Vergleichbarkeit von Gerüchen vermittelt wird, ist das Problem der Subjektivität der Wahrnehmung in diesem Fall nicht relevant. Überdies ist die Präzision der olfaktorischen Wahrnehmung durch eine geschulte menschliche Nase überaus hoch. Es zeigt sich damit eine klare Überlegenheit der unmittelbar sinnlich erfassbaren Wiedergabe einer Marke gegenüber einer nur mittelbaren graphischen Darstellung.[163]

3.1.2.3.8.1 Stabilität und Dauerhaftigkeit einer Geruchsprobe

Der Möglichkeit der Hinterlegung einer Geruchsprobe, die den maßgeblichen Geruch erzeugt, wird entgegengehalten, dass sich ein Geruch aufgrund der Flüchtigkeit seiner Bestandteile mit der Zeit verändere oder sogar verschwinde.[164] Dadurch fehle einer Geruchsprobe die nötige Stabilität und Dauerhaftigkeit.[165] Dem ist zu erwidern, dass zwar Substanzen, vorwiegend Mischungen, existieren, die einen sich ändernden olfaktorischen Eindruck

---

162 Sieckmann, MarkenR 2001, 247.
163 Interessant ist in diesem Zusammenhang, dass die Verordnung (EG) Nr. 6/2002 des Rates vom 12.12.2001 über das Gemeinschaftsgeschmacksmuster in Art. 36 Abs. 1c „eine zur Reproduktion geeignete Wiedergabe des Geschmacksmusters" verlangt, aber in besonderen Fällen ein „Probe" ausreichen lässt.
164 So der Generalanwalt Colomner in seinen Schlussanträgen vom 6.11.2001 in der Rechtssache C-273/00 Sieckmann ./. Deutsches Patent- und Markenamt, GRUR Int. 2001, 1072.
165 EuGH, GRUR Int. 2003, 453 – Sieckmann; Ströbele/ Hacker § 3 Rn 61.

hervorrufen können. Allerdings verändert ein Geruch mit der Zeit nicht seinen Charakter, wenn es sich bei dem Geruch um eine Reinsubstanz handelt.[166] Der Markeninhaber wird daher einen Geruch auswählen, der im Anwendungsbereich des Geruchs stabil bleibt. Der Geruch soll schließlich dem Willen des Markeninhabers zufolge die Ware der Dienstleistung identifizierbar machen. Dies ist nur dann möglich, wenn der Verbraucher immer nahezu denselben olfaktorischen Eindruck wahrnimmt. Des Weiteren ist nicht nur der Geruch vergänglich. Auch eine Schrift, ein Bild verblasst in der Sonne. Darüber hinaus ist die mittelbare, auch unter Hinterlegung fallende Wiedergabe der Beschaffungsadresse ähnlich beständig wie jedes andere graphisch darstellbare Zeichen.[167]

3.1.2.3.8.2 Identifizierbarkeit des Geruchs aus dem Register

Durch den Einblick in das Register soll bereits ein Eindruck von der Marke verschafft werden können. Der bloße Hinweis auf die Hinterlegung einer Geruchsprobe besagt aber nicht, welcher konkrete Duftstoff hinterlegt ist. Eine auch nur grobe Orientierung anhand des Registers ist nicht möglich. Solange sich Duftwiedergabegeräte an Computern nicht durchgesetzt haben, wäre der Geruch daher aus dem Register heraus nicht identifizierbar. Allein die Tatsache, dass zusätzliche technische Hilfsmittel – wie Duftwiedergabegeräte – zur Wahrnehmung der Marke erforderlich sind, steht dieser Art der Darstellung aber nicht generell entgegen. Um eine Hörmarke wahrnehmen zu können, benötigt der Dritte bei einer Online-Abfrage unter Umständen ebenfalls technische Hilfsmittel in Form einer Soundkarte nebst Zubehör. Zur Erkennung des Schutzgegenstandes einer Farbmarke muss er eventuell im Besitz der Pantone-/ RAL-/ HKS-Klassifikation sein. Auch der Umstand, dass zum jetzigen Zeitpunkt die für eine Reproduktion von digitalisierten Hörmarken erforderlichen Soundkarten weiter verbreitet sind als Duftwiedergabegeräte, stellt ebenfalls kein Argument gegen diese Vorgehensweise dar. Es ist nicht auf die Allgemeinheit abzustellen, sondern auf den Fachmann. Dieser verfügt jedoch aufgrund seiner beruflichen Tätigkeit über solche technischen Hilfsmittel bzw. wird sie bei deren grundsätzlicher Anerkennung beschaffen.

Allerdings kann ein Duftwiedergabegerät im Rahmen seiner technischen Möglichkeiten nur den olfaktorischen Eindruck freisetzen, der von der in der Kartusche befindlichen Substanz verströmt wird. Eine Mischung der einzelnen Gerüche aus den unterschiedlichen Kartuschen ist derzeit nicht möglich. Folglich müssten vor einer Reproduktion zuerst die erforderlichen Kartuschen bestellt werden. Speziell für eine Ware/ Dienstleistung komponierte Gerüche wären nicht erhältlich, da die Befüller der Kartuschen auf diese Substanzen keinen Zugriff hätten. Daher ist trotz der bereits teilweise bewiesenen Praxis-

---
166 Sieckmann, WRP 2002, 491 f.
167 Sieckmann, WRP 2002, 492.

tauglichkeit von Duftwiedergabegeräten der zur Verfügung stehende Reproduktionsbereich zu klein.

Jeder Inhaber einer Geruchsmarke müsste also zur Wahrung seiner Rechte eine Probe bestellen oder die beim Amt befindliche Probe überprüfen. Zwar ist die Bestellung des den Geruch erzeugenden, chemischen Produktes bei der Beschaffungsadresse nicht schwieriger als ein Buch oder andere Waren im Internet zu bestellen oder eine Versandhauskatalogbestellung abzugeben. Da aus dem Register die Art des Geruchs nicht ersichtlich wäre, müsste dies aber bei jeder neu angemeldeten Geruchsmarke erfolgen. Genauso müsste derjenige verfahren, der eine Geruchsmarke eintragen lassen wollte. Dieser Aufwand zur Wahrung des Schutzrechtes widerspricht dem Sinn und Zweck des Registers und ist für die beteiligten Personen unzumutbar.[168]

3.1.2.3.8.3 Anforderungen an mittelbare Darstellung

Fraglich ist außerdem, ob ein Hinweis im Register auf die Hinterlegung einer Probe beim Amt bzw. darauf, wo der geschützte Geruch beschafft werden kann, den Anforderungen an eine mittelbare Darstellung des Geruchs genügt.[169] Durch die graphische Darstellung soll das Zeichen darstellbar und daraus der Schutzgegenstand zu erkennen sein. Dies ist nach den obigen Ausführungen durch die graphische Darstellung beispielsweise durch eine chemische Formel oder eine wörtliche Beschreibung möglich, nicht aber bei einem Hinweis auf Hinterlegung einer Geruchsprobe mit Beschaffungsadresse. Ein derartiger Hinweis stellt demnach keine graphische Darstellung des Kennzeichens dar.[170]

Auch bei anderen Markenformen genügt die Hinterlegung einer Probe in der Regel nicht. Ein bloßes Farbmuster erfüllt allein beispielsweise nicht die Voraussetzungen an die graphische Darstellung.[171] Dieses muss durch einen international anerkannten Farb-Kennzeichnungscode ergänzt werden. Ebenso wurde das Erfordernis der graphischen Darstellung bei Hörmarken durch eine der Anmeldung beigefügten Kassette für nicht erfüllt gehalten.[172]

3.1.2.3.8.4 Zwischenergebnis: Probe und Beschaffungsadresse

Ein Hinweis im Register auf die Hinterlegung einer Probe zusammen mit der Angabe einer Beschaffungsadresse, bei der der geschützte Geruch bezogen werden kann, ist folglich als Surrogat für die graphische Darstellung nicht ausreichend.

---

168 So auch Fritz S. 282 f.
169 So Sieckmann, WRP 2002, 491.
170 Vgl. auch EuGH, GRUR Int. 2003, 453 – Sieckmann.
171 EuGH, GRUR 2003, 604 ff. – Libertel.
172 Vgl. Grabrucker, MarkenR 2001, 98.

3.1.2.3.9 Kombination mehrerer Surrogate

Wie die obigen Erläuterungen zeigen, können Gerüche teilweise durch die genannten Surrogate wiedergegeben werden. Dabei kommt es aber immer auf die Eigenart des einzelnen Geruchs an. Es sind Gerüche denkbar, die durch keine der aufgezählten Surrogate präzise dargestellt werden können. Reichen demzufolge die genannten Surrogate einzeln nicht aus, ist zu prüfen, ob die Darstellungsformen jeweils eine klare und eindeutige Teilinformation enthalten, die in ihrer Gesamtheit im Hinblick auf das als Marke beanspruchte Zeichen klar und eindeutig ist, so dass die Kombination mehrerer Surrogate als graphische Darstellung in Betracht kommt.

Dagegen wird eingewandt, dass die Kombination von Darstellungsformen, die einzeln nicht geeignet sind, als solche den Anforderungen an die graphische Darstellung zu genügen, diesen Anforderungen nicht entsprechen kann und dass mindestens einer der Bestandteile der graphischen Darstellung alle Voraussetzungen erfüllen muss.[173] Außerdem sei die Summe aller Surrogate lediglich geeignet, Unsicherheit zu schaffen. Die Eintragung einer chemischen Formel beispielsweise, zusammen mit einer Riechprobe und einer Beschreibung des Duftes, den sie erzeugt, vergrößere die Anzahl der Botschaften, mit denen das Zeichen erkannt werden soll, und damit auch das Risiko verschiedener Auslegungen, was gegebenenfalls größere Unsicherheit hervorrufe.[174]

Dem ist entgegenzusetzen, dass die Kombination verschiedener Wiedergabeformen jedenfalls dann die Eintragung fördern dürfte, wenn sich die Wiedergabeformen wechselseitig präzisieren. Die Kombination wird nur dann nicht genügen und im Einzelfall der Eintragung der Marke entgegenstehen, wenn widersprüchliche Wiedergabeformen die Bestimmbarkeit des Schutzbereichs der Marke erschweren oder gar verhindern.[175] Die Anforderungen an die graphische Darstellung sollten deshalb nicht so niedrig angesetzt werden, dass über das angemeldete Zeichen ernsthaft Zweifel bestehen können. Denn das Gebot der Rechtssicherheit erfordert eine klare und eindeutige Feststellbarkeit des gewährten Schutzes im Register.[176]

Für eine Kombination mehrerer Surrogate spricht sich zum Beispiel auch die französische Gruppe zur Frage Q181 der Internationalen Vereinigung für den Schutz des geistigen Eigentums (AIPPI), die sich mit den Eintragungsvoraussetzungen und dem Schutzumfang von nicht-konventionellen Marken beschäftigt, aus.[177] In ihrem Bericht zur Frage Q181 schlägt die französische

---

173 EuGH, GRUR Int. 2003, 449 ff. – Sieckmann; EuGH, GRUR 2003, 604 ff. – Libertel.
174 So der Generalanwalt Colomner in seinen Schlussanträgen vom 6.11.2001 in der Rechtssache C-273/00 Sieckmann ./. Deutsches Patent- und Markenamt, GRUR Int. 2001, 1072.
175 Hildebrandt, MarkenR 2002, 5.
176 So auch Eisenführ/ Schennen Art. 4 Rn 24.
177 S. www.aippi.org (letzter Aufruf 19.11.2009).

Gruppe in Bezug auf Geruchsmarken vor, dass die Anmeldung eine wörtliche Beschreibung verbunden mit einer graphischen Darstellung wie ein Gaschromatogramm enthalten könnte. Dies würde ausreichen, das Recht mit genügend Präzision, Stetigkeit und Sachlichkeit in Bezug auf Dritte zu definieren.

Wenn also zulässige Formen der mittelbaren graphischen Darstellung gewählt werden, die sich gegenseitig ergänzende Informationen enthalten, die nur in ihrer Gesamtheit die Anforderungen an die graphische Darstellung erfüllen, ist nicht verständlich, warum dies nicht genügen soll. Dem Erfordernis der genauen Identifizierung des Zeichens und der Funktionsfähigkeit des Registermarkensystems ist Genüge getan, wenn die gesamte Darstellung das Bestimmtheitserfordernis erfüllt.[178]

Die wirtschaftliche Nutzung von Geruchsmarken sollte nicht durch registerrechtliche Hemmnisse gehindert werden. Dementsprechend kann auch erforderlich sein, zusätzliche Parameter wie Temperaturkonzentration anzugeben oder die Riechmarke aufgrund der Beschreibung des Verfahrens zur Herstellung des konkreten Duftes oder aufgrund der Angabe einer Kombination verschiedener Duftnoten bestimmbar zu machen. So könnte beispielsweise das Problem, das bei Hinterlegung einer Probe mit Hinweis auf die Beschaffungsadresse dadurch entsteht, dass allein aus dem Register heraus das Schutzrecht nicht beurteilt werden kann, dadurch behoben werden, dass die chemische Bezeichnung der den Geruch erzeugenden Substanz oder eine wörtliche Beschreibung des Geruchs mit veröffentlicht werden.[179] Dadurch wäre die Nachvollziehbarkeit und damit die Nachprüfbarkeit der Geruchsmarke für das prüfende Markenamt, Verletzungsgerichte und Wettbewerber gegeben.

3.1.2.3.10 Zwischenergebnis: mittelbare Darstellung anhand von Surrogaten

Die graphische Darstellbarkeit von Gerüchen ist der umstrittenste Punkt in der Frage, ob Geruchsmarken schutzfähig sind. Die Ablehnung der graphischen Darstellung eines Geruchs würde in der Praxis dazu führen, dass Geruchsmarken in aller Regel am Erfordernis der graphischen Darstellbarkeit scheitern würden.[180] Das erscheint wenig sachgerecht, da die MRRL auch diese Marken-

---

178 So auch Hölk, jurisPR-WettbR 7/2006 Anm.2.
179 So auch Sieckmann, MarkenR 2001, 247.
180 Eine pauschale Vorenthaltung des Registerschutzes für Geruchsmarken aufgrund mangelnder graphischer Darstellbarkeit würde im Übrigen dazu führen, dass EU-Länder, die eine Geruchsmarke eintragen wollen, in dem – gemeinschaftsrechtlich anerkannten – Grundsatz der Gleichbehandlung verletzt wären. Benachteiligt wären nämlich gegenüber Markeninhabern z.B. aus Australien, wo ein Geruchsmarkenschutz bereits möglich ist. Dieser Schutz kann dadurch, dass Australien mit Wirkung vom 11. Juli 2001 dem Protokoll zum Madrider Abkommen beigetreten ist, problemlos auf Staaten der europäischen Union ausgedehnt werden. Vgl. Hildebrandt, MarkenR 2002, 3.

form zulässt. Diese Anerkennung hat aber keinen Wert, wenn sie nur theoretisch möglich aber nicht praktisch umsetzbar ist.

Bei der graphischen Darstellbarkeit von Gerüchen muss berücksichtigt werden, dass sie nicht visuell wahrnehmbar sind und daher auch nur mittelbar graphisch darstellbar. Dies hat zur Folge, dass sich Geruchsmarken entweder durch unmittelbar elektronische Wiedergabe oder mittels eines Surrogats darstellen lassen. Allerdings ist die elektronische Wiedergabe von Geruchszeichen noch nicht technisch ausgereift und eine Gesetzesänderung wäre notwendig. Bezüglich der Darstellung von Geruchsmarken anhand von Surrogaten lässt sich zusammenfassend sagen, dass eine chemische Strukturformel, eine Rezeptur ebenso wie eine chemische Verfahrensbeschreibung, eine wörtliche Beschreibung in Alltagssprache sowie aufgrund eines Klassifikationssystems, eine Abbildung des den Duft verströmenden Objekts, ein Massenspektrogramm und die Kombination mehrerer Surrogate geeignet sein können, bestimmte Gerüche eindeutig zu definieren und damit den Anforderungen des Art. 4 GMV an die graphische Darstellbarkeit einer Marke zu entsprechen.

Wie bereits oben in dieser Arbeit bei der unmittelbaren elektronischen Darstellung unter Punkt 3.1.2.1 erörtert, handelt es sich bei dem System des Registermarkenrechts um ein System von Normativbedingungen. Es dient, im Gegensatz zu einem Konzessionssystem mit freiem Ermessen der Registerbehörde, dem Erwerb von Verfassungseigentum an der Marke. Daher ist eine verfassungskonforme oder auch eine verfassungsoptimierende Auslegung des Erfordernisses der graphischen Darstellbarkeit erforderlich, die den Erwerb von Registermarkenrechten an modernen Markenformen nicht allgemein ausschließt oder auch nur erschwert, sondern die registerrechtlichen Anforderungen anpasst. Das gesetzliche Erfordernis der graphischen Darstellbarkeit darf kein materielles Hindernis auf dem Weg der Weiterentwicklung des Markenrechts darstellen. Vielmehr muss es den begleitenden technischen Rahmen bilden, innerhalb dem sich neue Markenformen entwickeln und sich entsprechend den neuen technologischen Möglichkeiten und Mitteln in Zukunft ausdehnen können. Denn neben den Zeichenformen ändern sich auch ihre Darstellungsweisen. Erforderlich ist, eine registerrechtliche Infrastruktur zur graphischen Darstellbarkeit innovativer Markenformen wie der Geruchsmarke zu entwickeln und zu installieren.

3.1.3 Abstrakte Unterscheidungskraft

Des Weiteren muss ein Geruch, um markenfähig zu sein, gemäß Art. 4 GMV geeignet sein, Waren oder Dienstleistungen eines Unternehmens von denen eines anderen zu unterscheiden. Damit ist die abstrakte Unterscheidungseignung gemeint. Nachdem der Begriff der Unterscheidungskraft auch in Art. 7 Abs. 1 lit. b) GMV, also bei den absoluten Eintragungshindernissen, auftaucht, bedarf es einer Abgrenzung zwischen den beiden Vorschriften, zumal nur die nach Art.

7 Abs. 1 lit. b) GMV fehlende Unterscheidungskraft durch Benutzung überwunden werden kann. Diese Abgrenzung[181] liegt in der Unterscheidung zwischen abstrakter und konkreter Unterscheidungskraft.[182] Während die abstrakte, nicht warenbezogene Unterscheidungseignung davon abhängt, ob das Zeichen als solches seiner Natur nach geeignet ist, Produkte oder Dienstleistungen zu individualisieren, richtet sich die konkrete Unterscheidungskraft eines Zeichens nach der Fähigkeit zur Kennzeichnung der im Einzelfall beanspruchten Waren und Dienstleistungen.[183]

Die abstrakte Unterscheidungseignung ist nur zu verneinen, wenn unter allen denkbaren Umständen ausgeschlossen werden kann, dass das fragliche Zeichen als Hinweis auf die betriebliche Herkunft jedweder Waren oder Dienstleistungen zu dienen vermag. Da grundsätzlich alle Zeichenkategorien zum Schutz zugelassen sind, lassen sich Beispiele für per se markenuntaugliche Zeichen kaum finden.[184] Die abstrakte Unterscheidungseignung stellt nur ein ganz grobes Sieb dar, das Zeichen ausfiltern soll, die unter keinen Umständen die Funktion einer Marke erfüllen können, sei es, dass sie ständigen Formveränderungen unterliegen, wie zum Beispiel Wassertropfen, dass sie zu komplex und umfangreich sind, wie zum Beispiel ein Text von 100 Seiten oder lange Bildfolgen, um als einheitliches Zeichen verstanden zu werden, oder aus sonstigen Gründen keine Unterscheidungsfunktion entfalten können.[185]

Fraglich ist, ob ein Geruch als Hinweis auf die betriebliche Herkunft von Waren oder Dienstleistungen verstanden werden kann. Der Duft ist eine suggestive Eigenschaft eines Produktes. Er steht mit dem Nutzen in der Regel nicht in direktem Zusammenhang, sondern erst durch von ihm ausgehende Suggestionen oder angeregte Assoziationen. Dies lässt sich an einem Beispiel verdeutlichen: Man beobachte eine Frau, wenn ihr eine Creme zum Ausprobieren gegeben wird. Sie öffnet den Tiegel, sieht den Inhalt an, bringt etwas auf die Haut und – nahezu unfehlbar – riecht sie daran, entweder schon vor dem Auftragen auf die Haut oder zumindest kurz nachher. Wenn sie aber dann aufgefordert wird, die Nutzen, die sie von dem Produkt erwartet, in der Reihenfolge ihrer Wichtigkeit zu nennen, so reiht sie fast immer einen angenehmen Duft weit hinten in einer solchen Liste an. Obwohl sie also den Geruch für nicht so wichtig hält, riecht sie doch gleich an dem Produkt. Das liegt daran, dass sie das Parfum als einen

---

181 Die Differenzierung von abstrakter Unterscheidungseignung und konkreter Unterscheidungskraft liegt auch der MRRL zugrunde (vgl. Art. 3 Abs. 1 lit. 1 a) und b) MRRL).
182 Mühlendahl/ Ohlgart § 3 Rn 5; Klaka/ Schulz S. 19.
183 Mühlendahl/ Ohlgart § 3 Rn 5.
184 Mühlendahl/ Ohlgart § 3 Rn 5.
185 Bender in HK-Markenrecht Art. 4 Rn 32.

Qualitätsindikator empfindet, als ein Signal, inwieweit das Produkt geeignet ist, ihr den Nutzen, an dem ihr gelegen ist, zu verschaffen.[186]

Gegen die abstrakte Unterscheidungseignung von Gerüchen wird eingewandt, dass Gerüche in unserer Gesellschaft anders als im Tierreich, wo Duftmarken zur Kennzeichnung von Reviergrenzen eingesetzt werden, bisher meist nicht zur Kennzeichnung der betrieblichen Herkunft von Waren oder Dienstleistungen dienen und oft nicht bewusst wahrgenommen werden. Düfte könnten daher in vielen Warensektoren im Allgemeinen – sofern sie überhaupt bemerkt werden – als Eigenschaft einer Ware oder als Bestandteil einer Raumatmosphäre verstanden werden.[187] Zum anderen wird gegen die abstrakte Unterscheidungseignung von Gerüchen angeführt, dass bei Gerüchen noch in stärkerem Maße als bei Farben die Schwierigkeit für die anderen Wirtschaftsteilnehmer besteht, genau festzustellen, ob und wie sie diesen Geruch noch benutzen können.[188] Hinzu käme, dass dem Inhaber einer Riechmarke ebenso wie dem Inhaber einer abstrakten Farbmarke ein sehr umfassendes Recht eingeräumt würde, denn eine Marke für eine bestimmte Farbe oder einen bestimmten Duft würde eine große Anzahl von Nuancen erfassen und darum einen sehr großen und relativ unbestimmten Schutzumfang besitzen.[189]

Für die abstrakte Unterscheidungseignung von Gerüchen spricht demgegenüber, dass die Marke ein Kommunikationszeichen auf dem Markt ist. Marken sind produkt- oder unternehmensbezogene Kommunikationszeichen zwischen Unternehmen und Menschen. Einer der fünf Sinne ist der Geruchssinn. Marken, die als Identifizierungszeichen als Geruchsmarken auf die Nase wirken, können nicht aus Prinzip vom Schutz des Markenrechts ausgeschlossen werden. Die Tatsache, dass ein Zeichen bestimmte gedankliche Verbindungen vermitteln und Gefühle hervorrufen kann, aber seiner Natur nach kaum geeignet ist, eindeutige Informationen zu übermitteln, besonders wenn es in der Werbung oder bei der Vermarktung von Waren und Dienstleistungen wegen seiner Anziehungskraft gewöhnlich in großem Umfang ohne eindeutigen Inhalt verwendet wird, rechtfertigt es keinesfalls, ihm die Markenfähigkeit abzusprechen.[190] Es ist nämlich nicht auszuschließen, dass es Situationen gibt, in denen solch ein Zeichen auf die Herkunft der Waren oder Dienstleistungen eines Unternehmens hinweisen kann.[191] Da die Verbraucher im Gegensatz zur audiovisuellen Werbung die Wirkung von Gerüchen nicht ausblenden können und sie daher zwangsweise wahrnehmen, eignet sich gerade ein Geruch mit seiner teilweise unbewussten und sehr emotionalen Wirkung als Herkunftshinweis.

---

186 Jellinek S. 16.
187 So Guth, MittdtschPatAnw 2003, 98.
188 So Guth, MittdtschPatAnw 2003, 98.
189 So Guth, MittdtschPatAnw 2003, 98.
190 Bender, MarkenR 2004, 170.
191 EuGH, GRUR 2003,606 f. – Libertel.

Konsumforscher wissen, dass wir uns beispielsweise bei der Wahl eines Waschmittels am allerwenigsten nach seiner Funktion richten (die ist heute bei allen sowieso ziemlich die gleiche). Wir richten uns nach den Empfehlungen, die wir von Nachbarn oder aus der Werbung ziehen. Wir richten uns nach dem Aussehen der Verpackung. Am meisten richten wir uns aber nach dem Duft, den es in unserer Wäsche hinterlässt. Dass die Riechstoffindustrie jährlich weltweit Milliarden von Euro umsetzt, bestätigt die vermeintliche Nebensächlichkeit unseres Geruchssinns ebenfalls nicht. Wir lassen es uns eine Menge kosten, unseren Nasen zu bieten, was ihnen genehm ist.

Gerüche sind daher, abstrakt betrachtet, geeignet, sich dem Verkehr als ein eigenständiges betriebliches Unterscheidungsmittel einzuprägen.[192] Die abstrakte Unterscheidungskraft von Gerüchen ist zu bejahen.

3.1.4 Zwischenergebnis: Markenfähigkeit

Gerüche können demnach ein Zeichen, graphisch darstellbar und unterscheidungskräftig sein und sind folglich gemäß Art. 4 GMV markenfähig.

3.2 Eintragungsfähigkeit

Um als Marke schutzfähig sein zu können, muss ein Geruch darüber hinaus eintragungsfähig sein. Nach Art. 6 GMV wird die Gemeinschaftsmarke durch Eintragung erworben. Ein Erwerb des Schutzrechtes durch Benutzung, wie das in den meisten nationalen Rechtsordnungen der EG möglich ist (zum Beispiel im deutschen Markenrecht gemäß § 4 Nr. 2 MarkenG), ist in der Gemeinschaftsmarkenverordnung nicht vorgesehen. Der Schutz nicht durch Eintragung erworbener Kennzeichenrechte bleibt den Mitgliedstaaten überlassen. Bestehen Eintragungshindernisse gemäß Art. 7 und 8 GMV kann die Eintragung versagt werden. In Art. 7 GMV sind die absoluten Eintragungshindernisse geregelt, die die Rechte der Allgemeinheit schützen sollen und von Amts wegen berücksichtigt werden. Im Gegensatz dazu bestehen die in Art. 8 GMV geregelten relativen Eintragungshindernisse zum Schutz der älteren Rechte anderer Kennzeicheninhaber innerhalb der Gemeinschaft und werden nur auf Widerspruch eines Berechtigten berücksichtigt. Die relativen Eintragungshindernisse (Art. 8 GMV) können in dieser Arbeit vernachlässigt werden, da die Schutzfähigkeit und die Einsatzmöglichkeiten von Geruchsmarken im Vordergrund stehen sollen. Die relativen Eintragungshindernisse betreffen dagegen die Rechte Dritter.

Die absoluten Eintragungshindernisse müssen jeweils voneinander unabhängig und getrennt geprüft werden.[193] Sie sind im Lichte des ihnen jeweils zu-

---

192 Siehe auch HABM (3. Beschwerdekammer), GRUR 2002, 349 – Der Duft von Himbeeren.
193 EuGH, GRUR 2003, 514.

grunde liegenden Allgemeininteresses auszulegen[194] und verfolgen das im Allgemeininteresse liegende Ziel, eine Fehlmonopolisierung zu verhindern[195].

3.2.1 Fehlende Markenfähigkeit, Art. 7 Abs. 1 lit. a) GMV

Nach Art. 7 Abs. 1 lit. a) GMV sind Zeichen, die nicht unter Art. 4 GMV fallen, von der Eintragung ausgeschlossen. Gerüche können im Einzelfall ein Zeichen, graphisch darstellbar und unterscheidungskräftig sein und sind demnach nach Art. 4 GMV markenfähig. Im Einzelnen verweise ich diesbezüglich auf die Ausführungen zur Markenfähigkeit unter Punkt 3.1 dieser Arbeit.

3.2.2 Fehlende Unterscheidungskraft, Art. 7 Abs. 1 lit. b) GMV

Nach Art. 7 Abs. 1 lit. b) GMV sind Marken von der Eintragung ausgeschlossen, die im Hinblick auf die Waren und Dienstleistungen, für die sie angemeldet sind, keine Unterscheidungskraft haben. Gemeint ist hier im Gegensatz zu der bereits erwähnten[196] abstrakten Unterscheidungskraft die konkrete Unterscheidungskraft. Unterscheidungskraft im Sinne von Art. 7 Abs. 1 lit. b) GMV haben Zeichen, denen die konkrete Eignung innewohnt, vom Verkehr als Unterscheidungsmittel für die angemeldeten Waren oder Dienstleistungen eines Unternehmens gegenüber solchen anderer Unternehmen aufgefasst zu werden.[197] Maßgeblich ist demnach die Eignung der Marke zur Ausübung der Herkunftsfunktion. Die Herkunftsfunktion einer Marke soll ihre betriebliche Herkunft kennzeichnen und damit die Waren nach ihrer betrieblichen Herkunft, nicht nach ihrer Beschaffenheit unterscheidbar machen. Die Marke bietet damit die Garantie einer bestimmten Ursprungsidentität. Der Verbraucher kann erwarten, dass die Herstellung der mit der Marke gekennzeichneten Ware unter Kontrolle eines einzigen Unternehmens erfolgt ist.[198]

Die Kriterien für die Beurteilung der Unterscheidungskraft von Geruchsmarken sind keine anderen als die für die übrigen Markenkategorien geltenden Kriterien. Nach Ziffer 8.3 der Prüfungsrichtlinien des HABM[199] muss eine Marke über eine reine Beschreibung der Waren oder Dienstleistungen in Worten oder bildlicher Form hinausgehen. Hinsichtlich Wortmarken wird vertreten, dass nur solchen Wörtern der Schutz durch Eintragung versagt werde, die in Bezug zu den Waren einen beschreibenden Begriffsinhalt haben oder sonst allgemein

---

194 EuGH, GRUR 2002, 804.
195 EuGH, GRUR 1999, 723.
196 Siehe unter 3.1.3 Abstrakte Unterscheidungskraft.
197 HABM, GRUR 2002, 350 – Duft von Himbeeren.
198 Bender, MarkenR 2002, 40.
199 Veröffentlicht in Abl. HABM Nr. 9/96, S. 1300.

gebräuchlich sind und vom Verkehr nur als solche und nicht zur Herkunftsunterscheidung angesehen werden.[200]
Dieser Richtschnur ist jedoch nur mit Einschränkung zu folgen. Denn die Schutzversagung aufgrund eines beschreibenden Begriffsinhalts auf Art. 7 Abs. 1 lit. b) GMV zu stützen, verwischt die Grenzen zu Art. 7 Abs. 1 lit. c) GMV, der diese Fälle explizit regelt. Die Behauptung einer fehlenden Unterscheidungskraft kann sich daher nur auf das Argument der allgemeinen Gebräuchlichkeit, welche die Herkunftseignung zunichte macht, stützen. Mithin ist bei der Geruchsmarke hinsichtlich der konkreten Unterscheidungskraft danach zu fragen, ob die jeweilige Geruchsmarke hinsichtlich ihrer Ware ausgesprochen üblich ist. Für die Ware oder Dienstleistung typische Gerüche sind demnach mangels konkreter Unterscheidungskraft nicht eintragungsfähig. Hingegen sind Geruchsmarken für solche Waren oder Dienstleistungen, die von sich aus keinen oder typischerweise nicht einen solchen wie den als Marke eingesetzten Geruch absondern, unterscheidungskräftig. Ein unter Umständen bestehendes Freihaltebedürfnis wird sich dabei zumeist nur auf eine bestimmte Warenklasse[201] beschränken.[202]

Aus der Formulierung des Gesetzes („keine") ist zu entnehmen, dass schon ein geringer Grad an Unterscheidungskraft ausreicht, um dieses Eintragungshindernis zu überwinden. Entscheidend sind die Umstände des Einzelfalls. Zu beurteilen ist im Wege einer Prognose und unabhängig von jeder tatsächlichen Benutzung des Zeichens im Markt, ob es ausgeschlossen erscheint, dass das fragliche Zeichen geeignet ist, in den Augen der angesprochenen Verkehrskreise die betreffenden Waren von denen anderer Herkunft zu unterscheiden.[203]

Es ist generell auf die mutmaßliche Erwartung der durchschnittlich informierten, aufmerksamen und verständigen Durchschnittsverbraucher abzustellen. Bei der Prüfung, ob eine Marke als Kommunikationszeichen dienen kann, muss geprüft werden, ob das Zeichen von den beteiligten Verkehrskreisen gegenwärtig mit der betreffenden Warengruppe wahrgenommen werden kann oder ob dies vernünftigerweise für die Zukunft zu erwarten ist. Im Rahmen der Anwendung dieser Kriterien ist zu berücksichtigen, dass im Fall einer olfaktorischen Marke die Wahrnehmung durch die angesprochenen Verkehrskreise nicht die gleiche ist wie bei einer Wortmarke. Nur solche Zeichen können Marken sein, die sich im Raum entfalten und unabhängig von dem Gegenstand wahrgenommen werden können, dem sie anhaften.[204] Diese Beziehung zwischen den Waren und der Marke sollte im Laufe der Zeit stabil und beständig sein, damit die

---
200 Vgl. BGH, GRUR 1999, 1089, 1091 – „YES"; GRUR 2000, 321, 322 – „Radio von hier"; GRUR 2000, 323 – „Partner with the best".
201 Beispielsweise Zitrusduft für Haushaltsreiniger.
202 Vgl. auch Thilo S. 300 f.
203 HABM, GRUR 2002, 350 – Duft von Himbeeren.
204 Bender in HK-Markenrecht Art. 7 Rn 73.

Kaufentscheidung stets hinsichtlich einer Marke getroffen wird, die denselben Zustand behält.

Die konkrete Unterscheidungskraft könnte speziell in Hinsicht auf die Geruchsmarke problematisch sein, als dass es der Verkehr nicht gewohnt ist, die Unterscheidung von Waren hinsichtlich ihrer betrieblichen Herkunft oder auch nur hinsichtlich ihrer Produktidentität anhand ihres Geruches vorzunehmen. Eine dahingehende Übung ist bei Gerüchen bislang nicht bekannt. Der Verkehr wird sie vielmehr als dekoratives Beiwerk ansehen. Zu klären ist daher, ob die Fähigkeit der Marke, zu dem für die Entstehung des Schutzes maßgeblichen Zeitpunkt vom Publikum unmittelbar als Hinweis auf das betriebliche Leistungsangebot verstanden werden zu müssen, ein konstitutives Erfordernis des Schutzes darstellt (akute Herkunftsfunktion), oder ob eine latente Unterscheidungskraft ausreicht.

3.2.2.1 Akute Herkunftsfunktion

Gegen die Annerkennung einer latenten Unterscheidungskraft wird eingewandt, dass dem Markenanmelder damit die Option eingeräumt werde, ein gegenwärtig noch nicht unterscheidungskräftiges Zeichen im Wege der Markeneintragung zu einer funktionierenden Marke zu entwickeln. Dies sei weder in tatsächlicher noch in rechtlicher Hinsicht angebracht.[205] Dieses Konzept möge als konsequent und angemessen erscheinen, wenn man den Schutz der Investitionen sowie der kreativen Leistungen des Markeninhabers bei der Entwicklung neuer Marken und Markenformen als vorrangigen oder gleichberechtigten Schutzgrund des Markenrechts betrachte.[206] Allerdings sei nach wie vor davon auszugehen, dass das Markenrecht anderen Zwecken dient als denjenigen, Investitionen in die Entwicklung neuer Marken zu schützen. Gefördert werden solle das betriebliche Leistungsangebot. Die primäre Aufgabe der Marke sei es, als Hinweis auf dieses Angebot zu dienen. Aus diesem Grund sei auch daran festzuhalten, dass die Fähigkeit der Marke, vom Publikum unmittelbar als ein solcher Hinweis verstanden zu werden, ein konstitutives Erfordernis des Schutzes darstellt. Daraus folge, dass die Marke zu dem für die Entstehung des Schutzes maßgeblichen Zeitpunkt nicht nur eine latente, sondern eine akute Herkunftsfunktion aufweisen müsse.[207]

Dann könne aber im Falle der meisten ungewöhnlichen Markenformen das Vorliegen von Unterscheidungskraft im Sinne des Art. 7 Abs. 1 lit. b) GMV weniger leicht bejaht werden als bei den traditionellen Wort- oder Bildmarken. Während letztere vom Publikum unmittelbar in ihrer Funktion als Marke aufge-

---

205 Ströbele, GRUR 2001, 664.
206 Kur, MarkenR 2000, 5.
207 Kur, MarkenR 2000, 5.

fasst und verstanden würden, könne dies bei Ersteren nicht ohne weiteres unterstellt werden. Vielmehr bedürfe es regelmäßig eines gewissen Lernprozesses.[208] Daher müsse Geruchsmarken im Regelfall die Unterscheidungskraft abgesprochen werden. Die Eintragung einer Geruchsmarke bliebe dann speziellen Gerüchen für spezielle Waren und spezielle Kundenkreise bzw. ebenfalls solchen Gerüchen vorbehalten, die sich im Verkehr als Marke durchgesetzt haben. Kann aber die herkunftsidentifizierende Funktion einer sensorischen Marke deshalb verneint werden, weil der Verkehr sich noch nicht an solche Markenformen gewöhnt hat?

3.2.2.2 Latente Herkunftsfunktion

Latenz der Herkunftsfunktion bedeutet, dass die abstrakte Unterscheidungseignung eines Zeichens, die dessen generelle Markenfähigkeit begründet, auch als konkrete Unterscheidungskraft hinsichtlich der Waren oder Dienstleistungen, für die die Eintragung in das Markenregister beantragt wird, besteht. Daher besteht die konkrete Unterscheidungskraft eines Zeichens für die angemeldeten Waren oder Dienstleistungen schon dann, wenn sie dem Zeichen als Marke innewohnt; sie besteht nicht erst dann, wenn das Zeichen als Marke im Verkehr benutzt und dem Verbraucher bekannt wird.[209] Ansonsten würde durch eine restriktive Eintragungspraxis die eigentlich beabsichtigte Erweiterung des Markenbegriffs verhindert.[210]

Bei der Prüfung der Eintragungsfähigkeit eines markenfähigen Geruchs ist eine nicht nur generalisierende, sondern produktbezogene konkretisierte Prognoseentscheidung zu treffen. Es ist zu fragen, ob nach der Verkehrsauffassung die Verwendung des Geruchs als Marke für die konkreten Waren und Dienstleistungen der Anmeldung verstanden und damit die Identifizierungsfunktion der Marke im Verkehr erkannt werden kann. Die Feststellung der latenten Herkunftsfunktion im Eintragungsverfahren verlangt eine Prognoseentscheidung über die zukünftige Entwicklung des Zeichens als Marke auf dem Markt hinsichtlich der konkreten Waren oder Dienstleistungen der Anmeldung.[211] Die Eintragung der Geruchsmarke und damit das Entstehen des Registerrechts räumt dem Markeninhaber die Entwicklungschance der Geruchsmarke auf dem Markt ein. Der Markenregisterschutz verlangt gerade nicht, dass vor der Eintragung in das Register der Geruch als Marke auf dem Markt bereits benutzt wird und deshalb eine entsprechende Verkehrsgewöhnung besteht. Die Produktidentifikation der Marke beruht auf der Unterscheidungsfunktion des Geruchs als solchem konkret für das Produkt der Anmeldung. Im registerrechtli-

---

208 Kur, MarkenR 2000, 5.
209 So auch Fezer, GRUR 2003, 464.
210 Fezer, WRP 2000, 4.
211 Fezer, WRP 2000, 4.

chen Eintragungsverfahren wird als Prognoseentscheidung eine gedankliche Verbindung zwischen produktbezogenem Geruch und dem Unternehmen des Markeninhabers hergestellt: Das ist die Kennzeichnungsfunktion des Geruchs als Marke, die auf die Produktkontrolle des Markeninhabers verweist. Damit genügt im Eintragungsverfahren das Vorliegen einer latenten Herkunftsfunktion[212].

3.2.2.3 Zwischenergebnis: konkrete Unterscheidungskraft

Wie das Wort und die verbale Bezeichnung, die spezifische Verpackung einer Ware oder ein der Verpackung angeheftetes Bildzeichen, so gehört auch der Geruch ohne weiteres zur Assoziationswelt eines Produktes. Wie ein Wort oder eine Verpackung ist auch der Geruch, an dem der Hersteller des Produktes erkannt werden soll, grundsätzlich frei wählbar, daher willkürlich, es sei denn, dies wird durch bestimmte technische oder faktische Gegebenheiten eingeschränkt. Nur dann, wenn bestimmte technische, Markt- oder sonstige Gegebenheiten einen Geruch zur Identifikation des Herstellers eines Produktes oder einer Dienstleistung zu einem „gängigen" Geruch machen, muss die Unterscheidungskraft fehlen. Zur Verneinung der konkreten Unterscheidungskraft von Gerüchen, die abstrakt unterscheidungsgeeignet sind, bedarf es somit tatsächlicher Feststellungen zur Übung im Verkehr und zum Verständnis des mit den Waren oder Dienstleistungen angesprochenen Publikums. Vom Fehlen der markenrechtlichen Unterscheidungskraft kann demnach nur dann ausgegangen werden, wenn aufgrund der Verkehrsübung oder des Publikumsverständnisses in Bezug auf die konkreten Waren oder Dienstleistungen der Anmeldung davon auszugehen ist, dass dem Geruch im Verkehr eine Kennzeichnungsfunktion nicht zukommt. Dieses ausnahmsweise Fehlen der konkreten Unterscheidungskraft bedarf in concreto tatsächlicher Feststellung.

3.2.3 Beschreibende Angaben, Art. 7 Abs. 1 lit. c) GMV

Nach Art. 7 Abs. 1 lit. c) GMV sind Marken, die ausschließlich aus Zeichen oder Angaben bestehen, welche im Verkehr zur Bezeichnung der Art, der Beschaffenheit, der Menge, der Bestimmung, des Wertes, der geographischen Herkunft oder der Zeit der Herstellung der Ware oder der Erbringung der Dienstleistung oder zur Bezeichnung sonstiger Merkmale der Ware oder Dienstleistung dienen können, von der Eintragung ausgeschlossen. Damit wird dem im Geschäftsverkehr bestehenden Bedürfnis an der Freihaltung solcher Angaben Rechnung getragen. Mit dem Ausschluss solcher Zeichen oder Angaben von der

---

212 Der Begriff ist inhaltsgleich mit der Sprachregelung im europäischen Gemeinschaftsmarkenrecht, in dem vom Vorliegen einer potentiellen Unterscheidungskraft gesprochen wird.

Eintragung als Gemeinschaftsmarke verfolgt Art. 7 Abs. 1 lit. c) GMV das im Allgemeininteresse liegende Ziel, dass Zeichen oder Angaben, die die beanspruchten Waren oder Dienstleistungen beschreiben, von jedermann frei verwendet werden können.[213] Sie dürfen nicht aufgrund ihrer Eintragung als Marke einem Unternehmen vorbehalten werden.

Die Formulierung „dienen können" weist darauf hin, dass die Frage, ob ein Zeichen oder Angaben im Sinne von Art. 7 Abs. 1 lit. c) GMV beschreibend sind, vom Prüfer anhand des in der Anmeldung enthaltenen Waren- und Dienstleistungsverzeichnisses abstrakt zu beurteilen ist, ohne dass es auf die im konkreten Fall möglicherweise unter der Marke vertriebenen Waren ankommt.[214] Insoweit ist ein unmittelbarer Bezug zu diesen Waren erforderlich. Angaben, die nur eine mittelbare Beziehung zu den angemeldeten Waren aufweisen, zum Beispiel lediglich auf bestimmte Vertriebsstätten oder -modalitäten hinweisen oder sonstige nicht speziell warenbezogene Werbeaussagen treffen, fallen dagegen nicht unter dieses Schutzhindernis.[215] Somit ergibt sich aus dem Wortlaut von Art. 7 Abs. 1 lit. c) GMV („dienen können"), dass das fragliche Zeichen nicht bereits als beschreibende Angabe verwendet werden muss. Es reicht vielmehr, dass es dazu geeignet ist.[216]

Es ist ferner nicht erforderlich, dass die Marke zur Bezeichnung jedes beabsichtigten Zwecks der angemeldeten Waren dienen kann. Es reicht aus, wenn die Marke zur Bezeichnung eines der beabsichtigten Zwecke der Ware dienen kann. Es spielt darüber hinaus keine Rolle, ob andere Zeichen oder Angaben, die gebräuchlicher oder treffender sind als die, aus denen die fragliche Anmeldung besteht, zur Bezeichnung derselben Merkmale der beanspruchten Waren oder Dienstleistungen existieren.[217] Art. 7 Abs. 1 lit. c) GMV verlangt nicht, dass diese Zeichen oder Angaben die ausschließliche Bezeichnungsweise der fraglichen Merkmale sind. Konkurrenten könnten immer noch daran interessiert sein, den weniger beschreibenden, aber immer noch passenden Begriff für die Bezeichnung der Waren zu benutzen.[218]

Darüber hinaus ist auch nicht entscheidend, wie groß die Zahl der Konkurrenten ist, die ein Interesse an der Verwendung dieser Zeichen oder Angaben haben könnten. Jeder Wirtschaftsteilnehmer, der Waren oder Dienstleistungen, die mit der beanspruchten konkurrieren, gegenwärtig anbietet oder zukünftig anbieten könnte, muss die Zeichen oder Angaben, die zur Beschreibung der Merkmale seiner Waren oder Dienstleistungen dienen können, frei nutzen dürfen.

---

213 EuGH, MarkenR 2003, 450 – DOUBLEMINT.
214 So auch EuGH, MarkenR 2004, 99 – Postkantoor.
215 Ströbele, GRUR 2001, 661.
216 Bender, MarkenR 2002, 40.
217 EuGH, MarkenR 2004, 99 – Postkantoor.
218 Völker/ Schuster, MarkenR 1999, 370.

Es ist darauf abzustellen, ob die Marke es dem durchschnittlich informierten, aufmerksamen und verständigen Durchschnittsverbraucher ermöglicht, sofort und ohne weiteres Nachdenken einen konkreten und direkten Bezug zu den Waren und Dienstleistungen herzustellen, für welche die Marke eingetragen werden soll.[219] Außerdem muss noch hinzukommen, dass die in der Marke enthaltenen ausschließlich beschreibenden Angaben nicht in einer Weise wiedergegeben oder angeordnet sind, die das Gesamtzeichen von der üblichen Art und Weise, die fraglichen Waren oder Dienstleistungen oder ihre wesentlichen Merkmale bezeichnen, unterscheidet.[220]

Hervorzuheben ist, dass sich Art. 7 Abs. 1 lit. c) GMV nur auf Marken bezieht, die „ausschließlich" aus beschreibenden Angaben bestehen. Die Kombination eines beschreibenden mit einem nicht beschreibenden Bestandteil lässt das Eintragungshindernis entfallen. Auch die Kombination beschreibender Bestandteile kann dazu führen, dass die Marke im Gesamteindruck schutzfähig wird.[221] Ferner bezieht sich das Wort „ausschließlich" auf „bestehen" und nicht auf „dienen können".[222] Daher ist ein Zeichen auch dann nicht einzutragen, wenn es mehrere Bedeutungen hat, von denen nur eine die Bestimmung der Ware beschreibt.

Aus der Tatsache, dass die Eintragungsfähigkeit der Marke jedenfalls im Zeitpunkt der Eintragung vorliegen muss, folgt, dass es auf ein aktuelles Freihaltebedürfnis ankommt. Ein erst möglicherweise in der Zukunft entstehende Freihaltebedürfnis hindert die Eintragung nicht.[223]

Beschreibenden Zeichen oder Angaben wird häufig auch die Unterscheidungskraft fehlen, sodass ihre Eintragung schon an Art. 7 Abs. 1 lit. b) GMV scheitern muss. Es sind allerdings auch Fälle denkbar, in denen ein Zeichen zwar beschreibend, aber dennoch unterscheidungskräftig ist, wie dies für einen neuen Fachbegriff oder den Namen eines wenig bekannten Herstellungsortes zutreffen kann.[224]

Der Anwendungsbereich von Art. 7 Abs. 1 lit. c) GMV bezieht sich vor allem auf Wortmarken. Gerade bei nicht visuell wahrnehmbaren Zeichen sind nur wenige Fälle denkbar, bei denen die Eintragungsfähigkeit an Art. 7 Abs. 1 lit. c) GMV scheitern könnte. Bei Gerüchen ist eine Eintragung als Marke nach Art. 7 Abs. 1 lit. c) GMV dann ausgeschlossen, wenn der Geruch geeignet ist, ein Merkmal der Ware oder Dienstleistung zu beschreiben, für die das Zeichen als Marke eingetragen werden soll.

---

219 Mühlendahl/ Ohlgart § 4 Rn 15 ff..
220 EuGH, GRUR 2001, 1147 – Baby-dry.
221 Ziffer 8.4.2 der Prüfungsrichtlinien des HABM.
222 Völker/ Schuster, MarkenR 1999, 370.
223 Mühlendahl/ Ohlgart § 4 Rn 15 ff..
224 Griss, MarkenR 2001, 427.

3.2.4 Gattungsbezeichnung, Art. 7 Abs. 1 lit. d) GMV

Nach Art. 7 Abs. 1 lit. d) GMV sind Marken, die ausschließlich aus Zeichen oder Angaben bestehen, die im allgemeinen Sprachgebrauch oder in den redlichen und ständigen Verkehrsgepflogenheiten zur Bezeichnung der beanspruchten Ware oder Dienstleistung üblich geworden sind, von der Eintragung ausgeschlossen.

Der Anwendungsbereich von Art. 7 Abs. 1 lit. d) GMV deckt sich teilweise mit dem des Art. 7 Abs. 1 lit. c) GMV, der Angaben von der Eintragung ausschließt, die zur Bezeichnung der Art der Ware oder Dienstleistung dienen können. Die telle-quelle-Klausel der Pariser Verbandsübereinkunft (PVÜ) nennt die beiden Kategorien auch in einem Atemzug (Art. 6 ^{quinquies} B Nr. 2 PVÜ). Allerdings bezieht sich der Ausschluss beschreibender Angaben in erster Linie auf solche Zeichen, die von Natur aus beschreibend sind, während der Ausschluss von Gattungsbezeichnungen auch ursprünglich an sich unterscheidungskräftige Zeichen meint, die durch ihren gattungsmäßigen Gebrauch diese Eigenschaft verloren haben.[225]

Die Anforderungen an die Umwandlung einer Marke in eine Gattungsbezeichnung sind sehr hoch. Es reicht nicht aus, dass der Endverbraucher die Marke als Gattungsbezeichnung verwendet[226], ohne sich dabei einer bestimmten Herkunftsstätte bewusst zu sein. Gerade berühmte Marken werden zur Vereinfachung gern in den Sprachgebrauch übernommen. Solange sich aber ein nicht unerheblicher Teil der beteiligten Verkehrskreise einschließlich der Fachkreise der Groß- und Einzelhändler des Markencharakters der betreffenden Bezeichnung bewusst ist, ist sie nicht zur Gattungsbezeichnung geworden.[227]

Fraglich ist, ob Gerüche bisher zur Bezeichnung von Waren oder Dienstleistungen üblich geworden sind. Gerüche erscheinen von Natur aus als Gattungsbezeichnung eher ungeeignet. Als Grenzfall könnte der Geruch von Neuwagen angesehen werden. Der typische „Neuwagenduft" würde dann eine Gattungsbezeichnung oder verkehrsübliche Bezeichnung für die Gattung „Neuwagen" darstellen.[228] Der Anwendungsbereich des Art. 7 Abs. 1 lit. d) GMV ist im Allgemeinen für Geruchsmarken aber sehr begrenzt.

---

225 Mühlendahl/ Ohlgart § 4 Rn 24 ff..
226 In Deutschland z.B. früher „Selters" für Mineralwasser, „Tempo" für Papiertaschentücher, „Roller Blades" für Inline-skates; in England z.B. „Xerox" für Kopieren und Kopiergeräte, „Hoover" für Staubsauger; in Spanien „Kleenex" für Papiertaschentücher, „tiritas" für Pflasterstreifen.
227 Mühlendahl/ Ohlgart § 4 Rn 24 ff..
228 So Sessinghaus S. 102.

3.2.5 Form oder Aufmachung der Ware, Art. 7 Abs. 1 lit. e) GMV

Nach Art. 7 Abs. 1 lit. e) GMV sind Formen von der Eintragung als Marke ausgeschlossen, die durch die Art der Ware bedingt, technisch erforderlich oder für die betroffene Ware wertbestimmend sind. Eine Regelung für andere Marken als Formmarken, die dieser auf die Formmarke zugeschnittenen Vorschrift entspräche, sieht die GMV nicht vor. Allerdings könnten die gleichen Erwägungen, die zur Schaffung des Art. 7 Abs. 1 lit. e) GMV geführt haben, vermutlich auf weitere Markenformen wie auch die Geruchsmarke Anwendung finden, wenn es sich hierbei um allgemeine Schranken der Markenfähigkeit handelt.[229]

Die Selbständigkeit der Marke gegenüber der Ware ist eine zwingende Folge der Identifizierungsfunktion der Marke.[230] Die Marke, die als Unterscheidungszeichen Produkte auf dem Markt identifiziert, darf nicht mit der Ware, die sie kennzeichnet, identisch sein. Sie muss gegenüber der Ware selbständig erfassbar sein und darf kein unentbehrlicher Bestandteil der Ware selbst sein.[231] Die Sondervorschriften für Formmarken können daher als Ausfluss der allgemeinen Regel angesehen werden, dass eine Marke nicht das Produkt selbst, also für dieses nicht wesensbestimmend sein darf.[232] Das bedeutet zwar nicht eine körperliche, wohl aber eine begriffliche Trennbarkeit zwischen Produkt und Marke („Zutat" und „Ware"). Eine Bezeichnung oder ein sonstiges Merkmal (Zeichen) zu der Ware darf keinen funktionell notwendigen Bestandteil der Ware darstellen.[233] Daher bestehen für alle Markenformen die unüberwindbaren Eintragungsverbote der warenbedingten, technischbedingten und wertbedingten Funktion des Zeichens. Die drei Ausschlussgründe des Art. 7 Abs. 1 lit. e) GMV stellen folglich Konkretisierungen eines allgemeinen Prinzips dar[234] und es bedarf keiner analogen Anwendung der für die Formmarke geltenden Ausschlussgründe für andere Markenformen.[235]

Die Geruchsmarke darf daher nicht mit dem Produkt, das es kennzeichnet, identisch oder ein funktionell notwendiger Bestandteil des Produktes sein. Verleiht ein bestimmter Geruch einem Produkt seinen wesentlichen Wert (zum Beispiel Parfums, Lufterfrischer), so ist ein Schutz des Geruchs als Marke ausgeschlossen.[236] Gleiches gilt für warenbedingte Gerüche (zum Beispiel Düfte von Blumen für die Waren „lebende Pflanzen und natürliche Blumen" in Klasse 31). Es fehlt an der Selbständigkeit des Geruchs gegenüber der Ware.

---

229 So Viehus, MarkenR 1999, 251.
230 Fezer, WRP 1999, 578.
231 Fezer, WRP 2000, 6 f.
232 Eisenführ/ Schennen Art. 4 Rn 29.
233 Fezer, WRP 1999, 578; Hacker, GRUR Int. 2004, 219 bzgl. dreidimensionale Marke.
234 Fezer, WRP 2000, 6 f.
235 Fezer, WRP 2000, 6 f.
236 Viehus, MarkenR 1999, 251.

3.2.6 Verstoß gegen die öffentliche Ordnung oder gegen die guten Sitten, Art. 7 Abs. 1 lit. f) GMV

Art. 7 Abs. 1 lit. f) GMV verbietet die Eintragung von Marken, die gegen die öffentliche Ordnung oder die guten Sitten verstoßen. Der Begriff der „öffentlichen Ordnung" lässt sich (abweichend von dem Verständnis dieses Begriffes im deutschen Sicherheits- und Ordnungsrecht) nicht als Gesamtheit der geschriebenen oder allgemein anerkannten Rechtsregeln definieren, da andernfalls das Eintragungshindernis des Art. 7 Abs. 1 lit. f) GMV eine durch die Bedürfnisse des Markenschutzes nicht mehr abgedeckte Bedeutung haben würde.[237] Er umfasst vielmehr nur diejenigen Regeln der Gemeinschaft oder der Mitgliedstaaten, deren Beachtung für ein geordnetes Zusammenleben in der Gesellschaft wesentlich ist. Die „guten Sitten" im Sinne des Art. 7 Abs. 1 lit. f) GMV bezeichnen das kollektive Anstandsgefühl der maßgeblichen Verkehrskreise.[238] Ziffer 8.7. der Prüfungsrichtlinien weist in dem Zusammenhang darauf hin, dass beleidigende oder blasphemische Wörter oder Abbildungen, wie zum Beispiel Schimpfwörter oder rassistische Abbildungen, nicht eintragbar sind. Hingegen sind lediglich „geschmacklose" Marken nicht zurückzuweisen.

Für Geruchsmarken ist bezüglich der Einschlägigkeit des Art. 7 Abs. 1 lit. f) GMV der Einzelfall maßgeblich. Grundsätzlich sind Düfte für bestimmte Waren und Dienstleistungen denkbar, die unter diesen Tatbestand fallen. Aufgrund seiner die religiöse Integrität verletzenden Wirkung wurde beispielsweise die Wortmarke mit der Bezeichnung „Apostel Paulus" für Körper- und Schönheitspflegemittel nicht für eintragungsfähig erachtet. Auch unter Berücksichtigung des Wertewandels, dem der Begriff der öffentlichen Ordnung unterliegt, würde vergleichbar mit vorangegangenem Sachverhalt beispielsweise die Eintragung einer Geruchsmarke „Weihrauch" für Produkte der Erotikbranche wohl an dem Eintragungshindernis des Art. 7 Abs. 1 lit. f) GMV scheitern.

3.2.7 Täuschungseignung der Marke, Art. 7 Abs. 1 lit. g) und j) GMV

Nach Art. 7 Abs. 1 lit. g) GMV sind Marken von der Eintragung ausgeschlossen, die geeignet sind, das Publikum insbesondere über die Art, die Beschaffenheit oder die geographische Herkunft der Ware oder Dienstleistung irrezuführen. Tatsächliche Täuschungsfälle müssen nicht vorliegen, die Eignung der Marke zur Irreführung des Publikums muss sich aber objektiv aus der konkreten Marke als solcher ergeben.[239]

Dieses Eintragungshindernis kann auch bei Geruchsmarken einschlägig sein. Denkbar ist beispielsweise, dass einem Produkt sein natürlicher Geruch

---

237 Mühlendahl/ Ohlgart § 4 Rn 37 ff..
238 Mühlendahl/ Ohlgart § 4 Rn 37 ff..
239 Mühlendahl/ Ohlgart § 4 Rn 41 ff..

aufgrund minderer Qualität fehlt. Wird dieses Produkt nun mit einem künstlichen Duft versehen, der den Naturduft nachahmt, so könnte der Verkehr das Produkt für qualitativ hochwertig halten und damit über die Art und Beschaffenheit des Produktes getäuscht werden.[240] Dementsprechend würde zum Beispiel die Eintragung einer Geruchsmarke eines nach echtem Leder riechenden Duftes für eine Ware, die lediglich eine Lederimitation darstellt, an dem Eintragungshindernis des Art. 7 Abs. 1 lit. g) GMV scheitern.

Im Allgemeinen sind Geruchsmarken aber nicht besonders geeignet, über die Art oder Beschaffenheit oder geographische Herkunft von Waren oder Dienstleistungen zu täuschen. Daher wird Art. 7 Abs. 1 lit. g) GMV im Fall von Geruchsmarken nur ein sehr geringer Anwendungsbereich zukommen.

3.2.8 Geschützte Hoheitszeichen, Embleme usw., Art. 7 Abs. 1 lit. h) und i) GMV

Die in Art. 7 GMV enthaltenen Eintragungsverbote für nach Art. 6ter PVÜ geschützte staatliche Hoheits-, Prüf- und Gewährzeichen (Art. 7 Abs. 1 lit. h) GMV) sowie für Abzeichen, Embleme und Wappen von besonderem öffentlichen Interesse (Art. 7 Abs.1 lit. i) GMV), jeweils vorausgesetzt, dass die zuständigen Stellen der markenmäßigen Verwendung des Zeichen nicht zugestimmt haben, sind auf Geruchsmarken nicht anwendbar.

3.2.9 Geographische Angabe, Art. 7 Abs. 1 lit. j) GMV

Für Weine und Spirituosen trifft der aufgrund Art. 23 Abs. 2 des TRIPS-Abkommens nachträglich eingefügte Art. 7 Abs. 1 lit. j) GMV eine Sonderregelung, die entsprechend der TRIPS-Vorschrift solche Marken von der Eintragung ausschließt, die eine geographische Angabe für Weine und Spirituosen enthalten, die diesen geographischen Ursprung nicht haben. Diese Vorschrift findet für Geruchsmarken keine Anwendung.

3.2.10 Hindernisse in nur einem Teil der Gemeinschaft, Art. 7 Abs. 2 GMV

Nach Art. 7 Abs. 2 GMV finden die Bestimmungen über die absoluten Eintragungshindernisse auch dann Anwendung, wenn diese Hindernisse nur in einem Teil der Gemeinschaft vorliegen. Diese Regelung beruht auf dem Einheitlichkeitsprinzip des Gemeinschaftsmarkenrechts. Bei Wortmarken ist aufgrund der Sprachenvielfalt ein absolutes Eintragungshindernis am häufigsten national bedeutsam. Bei den meisten Markenformen aber lassen sich national unterschiedliche Verkehrsgepflogenheiten in der Regel kaum feststellen.[241] Es ist grundsätzlich denkbar, dass ein Geruch lediglich in einem Teil der Gesellschaft einem

---

240 So auch Sessinghaus S. 105.
241 Knaak, GRUR Int. 2001, 669.

absoluten Eintragungshindernis unterliegt, dennoch ist diese Vorschrift für Geruchsmarken nur in geringem Maße relevant.

3.2.11 Zwischenergebnis: Eintragungsfähigkeit

Geruchsmarken sind grundsätzlich eintragungsfähig nach Art. 6 GMV, wenn im Einzelfall keine Eintragungshindernisse gemäß Art. 7 und 8 GMV vorliegen.

3.3 Zwischenergebnis: Schutzfähigkeit

Geruchszeichen sind folglich schutzfähig, da sie nach Art. 4 GMV marken- und eintragungsfähig sind.

2. Teil: Einsatzmöglichkeiten von Geruchsmarken

Fraglich ist, ob und wie Gerüche als Marken in der Praxis eingesetzt werden können.

1 Geruchsmarke als Kommunikationsmedium

Eine Geruchsmarke muss, um ihre Funktion als Kommunikationsmedium am Markt erfüllen zu können, vor einer Kaufentscheidung wahrnehmbar sein. Nur so wird dem Verbraucher eine Auswahl über das Warenkennzeichen ermöglicht.[242] Die Möglichkeiten des Verbrauchers, den Duft einer Marke vor dem Kauf wahrzunehmen und zu prüfen, sind angesichts der Tatsache, dass sich das duftende Produkt in der Regel in einer Umhüllung befindet, zwar begrenzt, aber nicht unmöglich. Um ihn trotzdem mit dem Produkt bekannt zu machen, bieten sich zum Beispiel Warenproben als Werbemittel an. Außerdem kann die vorherige Wahrnehmung durch selbstklebende und duftende Etiketten für die Außenverpackung erfolgen, damit der interessierte Konsument das Produkt riechen kann, ohne die Verpackung selbst öffnen zu müssen. Geruchsmarken können als „beduftete" Werbebriefe oder Beilagen, in denen das mit Hilfe der Mikroverkapselung fixierte Parfum des beworbenen Produkts durch Rubbeln freigesetzt werden kann, eingesetzt werden und dadurch die Kaufentscheidung im Vorfeld beeinflussen.

Wichtig für den Effekt der Duftmarkierung erscheint auch die Duftwahrnehmung nach dem Kauf, anlässlich der Verwendung der Markenware. Die guten Erfahrungen, die mit einer Parfumnote gemacht worden sind, tragen zur Präferenzbildung beim Käufer und zur Festigung des Markenimages bei und sorgen dafür, dass in Wiederkaufsituationen gerade diese Marke gewählt wird.[243]

Mit einer Markierung durch Duft soll erreicht werden, dass bestimmte Produkte und Dienstleistungen olfaktorisch vom Wettbewerb abgegrenzt und von den Kunden wieder erkannt werden. Duft kann unwillkürlich ein gewisses Maß an Vertrautheit beim Kunden schaffen, sobald er ein bestimmtes Geschäft oder beispielsweise die Räume seiner Hausbank betritt. „Shop-in-shop"-Systeme können Duft nutzen, um Erlebnisparzellen innerhalb eines Verkaufsraums zu schaffen, die auf bestimmte Marken oder Dienstleistungen hinweisen.[244] Die Beduftung von Geschäftsräumen bietet sich daher sowohl bei Geruchszeichen für Waren als auch für Dienstleistungen an. In vielen Branchen wird in Geschäftsräumen bereits Duft verströmt: beispielsweise in Kaufhäusern ein bestimmter Hausduft, ebenso in gehobenen Modeboutiquen.

---

242 Meister, WRP 2000, 967.
243 Knoblich in Bruhn S. 868.
244 Knoblich/ Scharf/ Schubert S. 132.

2 Technische Umsetzung

Der Duft einer Geruchsmarke kann für den Verbraucher entweder wahrnehmbar sein, weil er mit dem Produkt selbst verbunden ist. Dies könnte beispielsweise bei einem einer Creme zugesetzten Duft der Fall sein. Er kann aber auch unabhängig von dem Produkt verströmt werden. Letzteres erfolgt in der Regel durch Raumbeduftung oder durch die Beduftung von Druckerzeugnissen und Textilien.

2.1 Raumgestaltung mit Duftstoffen

Um den Geruch in Räumen gezielter steuern zu können, existieren verschiedene Geräte.

2.1.1 Duftlampen

Bei dem Gebrauch von Duftlampen wird beispielsweise mit Wasser verdünntes Duftöl in einer Schale über einer Flamme erhitzt. Da die Verdampfungstemperaturen der Duftöle sehr unterschiedlich sind, muss die Höhe der Temperatur genau beachtet werden. Demzufolge sollte eine möglichst tiefe Temperatur verwendet werden und die Flamme sollte einen möglichst großen Abstand zur Verdunstungsschale haben, damit das Öl nicht verbrennt. Der Aufwand, einen Raum mit Hilfe einer Duftlampe zu beduften ist sehr groß. Zum einen muss die Temperatur immer überwacht werden, zum anderen muss die Verdunstungsschale immer sauber gehalten werden. Trotz einer intensiven Betreuung ist es nicht möglich, auf diese Art und Weise die Konzentration der Duftöle zu regulieren. Folglich ist die Verströmung eines gleich bleibenden Duftes nicht erreichbar. Kontinuität in der Konzentration ist aber für eine Geruchsmarke unerlässlich. Daher genügt diese Art der Beduftung lediglich für den privaten Bereich, um die gewünschte Stimmung zu erzeugen. Für den professionellen Bereich kommt sie nicht in Frage.

2.1.2 Ventilatoren mit Verdunstungsflies

Duftöle können auch auf ein Vlies gegeben werden, um danach mit einem Ventilator ohne Hitzeeinfluss an die Umgebung abgegeben zu werden. Durch die manuelle Zugabe des Duftes kann die Duftintensität wie bei der Duftlampe stark variieren. Die Duftkurve ist zu Beginn sehr hoch, nimmt aber mit längerer Betriebszeit immer mehr ab. Auch hier wird eine ständige Betreuung vorausgesetzt. Deshalb eignen sich auch solche Geräte nicht für den professionellen Rahmen.

2.1.3 Elektronische Hitzeverdunster

Hitzeverdunster funktionieren nach einem ähnlichen Prinzip wie die Duftlampe. Das Duftöl wird hier aber ohne Wasser auf eine Heizplatte gepumpt und verdunstet daher sehr schnell. Auch hier muss die Temperatur genau an den jeweiligen Duftstoff angepasst werden. Die Temperatur der Heizplatte und die Pumpleistung werden elektronisch gesteuert, wodurch eine bessere Kontrolle möglich ist. Jedoch läuft Öl, das auf der Heizplatte nicht verdampft wird, zurück in den Ölbehälter und wird später erneut auf die Heizplatte gepumpt. Da die Kopfnoten zuerst verdunsten, besteht der Rücklauf nach einer gewissen Zeit nur noch aus Basisnoten. Der Duftstoff bekommt dadurch einen ganz anderen Charakter. Außerdem ist der Preis dieser Geräte wegen der Mechanik und Elektronik sehr hoch. Daher eignen sich elektronische Hitzeverdunster ebenfalls nicht für die professionelle Raumbeduftung.

2.1.4 Zerstäubersysteme

Elektronische Duftzerstäuber geben Duftstoffe über einen feinen Zerstäuber an die Luft ab. Eine kontinuierliche Duftstoffabgabe ist mit diesen Geräten gewährleistet. Da die Düfte unerhitzt der Luft abgegeben werden, werden sie oft in Klimaanlagen eingesetzt. Dies ist jedoch nicht empfehlenswert, da die Duftintensität so nur zentral geregelt werden kann und nicht alle Räume eine gleich hohe Duftmenge benötigen. Darüber hinaus können sich in Klimaanlagen bakterielle Ablagerungen bilden. Ein weiteres Problem beim Gebrauch dieser Geräte in Klimaanlagen ist, dass die Öle zum Teil aggressiv auf die Materialien wirken.

2.1.5 Kalt-Verdunstungssysteme

Bei den Kalt-Verdunstungssystemen erfolgt die Verdunstung über einen Verdunster, der aus verschiedensten Materialien bestehen kann. Diese Materialien sollten aus einem natürlichen Rohstoff bestehen. Die Duftölzuführung kann auf verschiedene Weise erfolgen. Dementsprechend existieren auf dem Markt Tropf-, Kapillar- und Rückhaltesysteme.

2.1.5.1 Tropfsysteme

Bei einem Tropfsystem werden die Duftöle in einem vorgegebenen Zeitintervall auf einen Verdunster getropft. Dieser lässt die Duftstoffe dann langsam und regelmäßig verdunsten. Diese Geräten eigenen sich vor allem für kleine Räume, da die Zeitintervalle und damit die Duftintensität leicht verändert werden können.

2.1.5.2 Kapillarsysteme

Bei den Kapillarsystemen wird der Duftstoff aufgrund der Saugwirkung der Kapillaren an die Oberfläche gesaugt. Dabei ist die Saugwirkung immer so stark, dass nur soviel Duftstoff an die Oberfläche gesaugt wird, wie verdunstet werden kann. Der Duft wird dann zumeist durch einen Ventilator im Raum verteilt. Mit der Regulierung der Luft kann zugleich die Luftmenge und die Duftstoffabgabe im Raum gesteuert werden. Mit der Wahl von unterschiedlichen Verdunstungsflächen ist ebenfall eine Regulierung der Duftintensität möglich. Der Nachteil dieser Systeme ist, dass die Kopfnoten immer flüchtiger sind als die Fußnoten. Daher verdunsten die Kopfnoten zuerst.

2.1.5.3 Rückhaltesysteme

Rückhaltesysteme funktionieren analog zu dem Kapillarsystem. Hierbei wird der Verdunster für die Rückhaltung der Duftöle verwendet und nicht für das Ansaugen. Die umgekehrte Kapillarwirkung wird so gewählt, dass eine Rückhaltung gewährt ist, jedoch ein Verdunsten der Duftöle ermöglicht wird. Die Duftöle wirken immer mit einem leichten Druck auf den Verdunster, somit werden auch die Duftkompositionen in der gleichen Zusammensetzung an die Oberfläche des Verdunsters gebracht. Im Gegensatz zu den Kapillarsystemen werden die Kopf-, Herz- und Fußnoten somit nicht auseinander gerissen.

Neben der Verdunsterfläche reguliert bei den neueren Systemen auch die Luftführung die Duftintensität. So wird die Luft durch einen Klappmechanismus so gesteuert, dass immer nur ein Teil der Luftmenge mit dem Verdunster in Berührung kommt. Die restliche Luft wird durch eine neutrale, duftfreie Zone geleitet. Diese genau regulierbaren Einstellungen sind für die genaue Dosierung verantwortlich.

2.1.5.4 Zwischenergebnis: Kalt-Verdunstungssysteme

Alle drei genanten Kalt-Verdunstungssysteme eignen sich zur professionellen Raumgestaltung mit Duftstoffen. Der Nachteil aller Kalt-Verdunstungssysteme ist allerdings der Zeitraum bis der Raum mit den Duftstoffen gesättigt ist. Wegen der Trägheit vergeht eine bestimmte Zeit bis die nötige Duftmenge im Raum verteilt ist.

2.1.6 Zwischenergebnis: Raumgestaltung mit Duftstoffen

Beim Vergleich der verschiedenen Geräte zeigt sich, dass im professionellen Bereich den Kalt-Verdunstungssystemen der Vorzug zu geben ist. Auf dem Markt sind neben ein- auch mehrstufige Kalt-Verdunstungssysteme anzutreffen. Sie sind in der Lage, in einer Vorstufe die Luft von krankmachenden Pollen und

Vieren zu neutralisieren. In einer weiteren Stufe werden schlechte Gerüche eliminiert. Die sanfte Beduftung erfolgt in der letzten Stufe. In Bezug auf den Zeitraum, den Kalt-Verdunstungsgeräte benötigen, um einen Raum vollständig zu beduften, ist anzumerken, dass es in den meisten Fällen nicht nötig ist, einen ganzen Raum innerhalb von Sekunden zu beduften. Von Vorteil sind außerdem die niedrigen Kosten, die in der Anschaffung und im Betrieb der Kalt-Verdunstungssysteme anfallen.

2.2 Beduftung von Druckerzeugnissen und Textilien

Neben der Beduftung von Räumen kann der Duft einer Geruchsmarke auch durch die Beduftung von Druckerzeugnissen oder Textilien von den Verbrauchern wahrgenommen werden. Schon seit langem gibt es Versuche Druckerzeugnisse, zum Beispiel Faltschachteln oder Werbeprodukte, mit einem Duft auszustatten. Hierbei gibt es zum einen die Möglichkeit die Parfumöle in einer Trägersubstanz, zum Beispiel in Form von Kunststoffpartikeln oder als verkapseltes Produkt, der Halbstoffsuspension zugegeben und dann auf der Papiermaschine einzuarbeiten.[245]

Von wesentlich größerer Bedeutung ist aber die Parfümierung von Papier mittels Druckfarben bzw. Lacke unter Verwendung von reinen bzw. mikroverkapselten Parfumölen. Heute erfolgt die Parfümierung von Druckerzeugnissen fast ausschließlich über mikroverkapselte Parfumöle beim Druckvorgang. Hierzu besteht eine große Anzahl von Patenten, die auch in der Praxis Eingang gefunden haben. Nach ihrer Entwicklung in den 40er Jahren wird diese Technik in größerem Umfang in den USA seit 1969, in Europa seit 1971 wirtschaftlich genutzt.

2.2.1 Mikroverkapselung

Mirkoverkapselung bedeutet die Umhüllung von Parfumölen, in mikroskopisch kleinen Kugeln. Diese 0,002-0,02 mm großen Kapseln enthalten bis zu 98 % aktives Duftmaterial, das vor Umwelteinflüssen vollständig geschützt und über Jahre stabil ist. Das Parfumöl wird dabei in einem Spezialverfahren eingekapselt und kann als trockene, pulverförmige Substanz dem Lack oder den Druckfarben zugemischt werden.[246] Meistens erfolgt der Auftrag jedoch über eine spezielle Auftragswalze mittels einer Duftstoffsuspension (Slurry). Die Duftkapseln haben einen durchschnittlichen Durchmesser von ca. 40 µ und müssen in ihrer Festigkeit so eingestellt werden, dass beim Stapeln der Druckerzeugnisse sowie beim Druckvorgang selbst Beschädigungen der Kapsel und damit ein unge-

---

245 Launert, drom 1992, 26.
246 Launert, drom 1992, 26.

wollter Duftölaustritt nicht möglich sind.[247] Bei der Applikation der Mikrokapseln auf das Papier, die Textilien oder in die Druckfarbe können Duftnote und -intensität bestimmt werden. Je cm^2 werden etwa 2-3 Millionen Kapseln aufgetragen, die mit bloßem Auge nicht erkennbar sind. Je nach Duftkonzentration werden pro m^2 Duftfläche 5-10 g Parfumessenz benötigt.[248]

Um das Parfumöl zu Entfaltung zu bringen, müssen die Parfumkapseln durch eine mechanische Belastung zerstört werden. Beim Reiben mit leichtem Druck über die bedruckte Fläche werden die Duftstoffe in ihrer ursprünglichen Form freigesetzt. Dieser Vorgang kann mehrmals wiederholt werden, da bei jedem Reiben nur ein kleiner Teil der Kapseln geöffnet wird. Dies kann auch erreicht werden, wenn das mikroverkapselte Parfumöl in eine Haftklebeschicht eingearbeitet wird. Zieht man dann die beiden verklebten Schichten ab, so platzen die Mikrokapseln auf und geben den Duft ab. Beide Verfahren werden bereits häufig bei Werbesendungen eingesetzt, wenn der Duft eines entsprechenden Produktes besonders herausgestellt werden soll.

2.2.2 Kaschierung durch Kunststofffolie

Eine weitere Möglichkeit Papier, vor allem für Verpackungszwecke, zu beduften, besteht darin, das Papier mit einer mit Parfumöl versehenen Kunststofffolie zu kaschieren. Dieses Verfahren besteht darin, dass ein Kunststofffilm beidseitig mit Papier kaschiert wird und so zum Beispiel für Briefpapier und Zeitschriftenbeilagen verwendet wird. Die Duftabgabe erfolgt hier im Gegensatz zur Mikroverkapselung kontinuierlich.[249]

2.2.3 Anwendungsmöglichkeiten der Beduftung von Druckerzeugnissen und Textilien

In der Vergangenheit wurden zunächst Verpackungen, Haushalts-, Toiletten- und Briefpapier beduftet. Heute ermöglicht die Beduftung von Druckerzeugnissen und Textilien vor allem den Einsatz von Duft als „3. Werbedimension" neben Wort und Bild.

Die Anwendungsmöglichkeiten der Beduftung von Druckerzeugnissen und Textilien sind so zahlreich wie die Verwendungsmöglichkeiten des Materials, auf das sie aufgebracht wird. Mit Duft können beispielsweise Werbeprospekte und -anzeigen effektiver gestaltet werden. Untersuchungen in den USA haben ergeben, dass duftenden Werbebotschaften weitaus mehr Aufmerksamkeit geschenkt wird als nicht duftenden. Dies bestätigen auch deutsche Firmen.[250]

---

247 Launert, drom 1992, 29.
248 Launert, drom 1992, 29.
249 Launert, drom 1992, 29.
250 So beispielsweise die Firma Assada in Würzburg.

Auch für Direct Mails bieten sich neue Möglichkeiten, deren Vorteil darin liegt, dass die Duftnote speziell auf ein bestimmtes Segment abgestimmt werden kann. Südkoreanische Hersteller stellen Stoffe mit mikroverkapselten Düften her, aus denen sie Anzüge schneidern. Durch die Bewegungen beim Tragen oder durch Abklopfen öffnen sich die Kapseln und geben Duftstoffe ab. Sobald der Anzug abgelegt ist, schließen sich die Kapseln weitgehend. Die Mirkrokapseln halten durchschnittlich drei Jahre bzw. 20-30 Reinigungen. Diese Technologie soll künftig auch für Vorhänge, Sofas, Polster und Betttücher angewendet werden.

2.3 Zwischenergebnis: technische Umsetzung

Die Beduftung von Waren oder Räumen ist heute kein Problem mehr. Durch die ständige technische Entwicklung sind in diesem Bereich zudem jederzeit Neuerungen zu erwarten, die die Beduftung noch weiter vereinfachen und verbessern werden.

3 Konkrete Einsatzmöglichkeiten

Zu prüfen ist deshalb, für welche Waren oder Dienstleistungen sich Geruchsmarken konkret eignen. Dies ist davon abhängig, ob absolute Eintragungshindernisse gemäß Art. 7 GMV im Einzelfall ihrer Eintragung für konkrete Waren oder Dienstleistungen entgegenstehen. Die Prüfung der absoluten Schutzhindernisse hat immer im Hinblick auf die Waren bzw. Dienstleistungen des angemeldeten Zeichens zu erfolgen.[251] Die folgende Darstellung lehnt sich an die amtliche Branchen- und Warensystematik an. Gemäß Regel 2 Gemeinschaftsmarkendurchführungsverordnung (GMDV)[252] richtet sich die Klassifizierung der Waren und Dienstleistungen nach der gemeinsamen Klassifikation des Artikels 1 des geänderten Nizzaer Abkommens. Dabei wird in dieser Arbeit aber lediglich auf die Waren- und Dienstleistungsklassen eingegangen, für die Geruchsmarken relevant sind.

3.1 Geruchsmarke für Waren der Klasse 2

Die Klasse 2 enthält im Wesentlichen Farbanstrichmittel, Färbemittel und Korrosionsschutzmittel.

---

251 Ingerl/ Rohnke § 8 MarkenG Rn 67.
252 Verordnung (EG) Nr. 2868/95 der Kommission vom 13.12.1995 zur Durchführung der Verordnung Nr. 40/94 des Rates über die Gemeinschaftsmarke (ABl. EG L 303/1 vom 15.12.1995; ABl. HABM 1995, 258).

3.1.1 Markenfähigkeit, Art. 7 Abs. 1 lit. a) GMV

Nach den Ausführungen im ersten Teil dieser Arbeit ist von der Markenfähigkeit von Geruchsmarken gemäß Art. 7 Abs. 1 lit. a) GMV grundsätzlich auszugehen.[253]

3.1.2 Konkrete Unterscheidungskraft, Art. 7 Abs. 1 lit. b) GMV

Fraglich ist, ob eine Geruchsmarke für diese Warenklasse gemäß Art. 7 Abs. 1 lit. b) GMV konkret unterscheidungskräftig ist. Maßgeblich ist, ob der zu schützende Duft hinsichtlich des Produktes üblich ist und damit seine wesentliche Wareneigenschaft darstellt. Die konkrete Unterscheidungskraft eines Duftes für diese Waren scheitert nicht daran, dass er den Warengeruch angenehmer macht[254] und daher lediglich als dekoratives Element angesehen werden könnte.[255] Entwickelt wurde in der Praxis beispielsweise bereits eine Innenfarbe mit Apfelaroma.[256] Würde ein Farbanstrichmittel derart duften, würde dies bei dem Verbraucher besondere Beachtung erregen und er würde den Duft bei wiederholter Erfahrung bereits nach kurzer Zeit dem Hersteller zuordnen können.

3.1.3 Beschreibende Angaben und Gattungsbezeichnung,
Art. 7 Abs. 1 lit. c) und d) GMV

Beschreibende und üblich gewordene Düfte sind für die Waren der Klasse 2 nicht denkbar. Die Eintragungshindernisse des Art. 7 Abs. 1 lit. c) und d) GMV greifen daher nicht.

3.1.4 Sonstige Eintragungshindernisse gemäß Art. 7 Abs. 1 lit. e) – j) GMV

Auch die Eintragungshindernisse gemäß Art. 7 Abs.1 lit. e) – j) GMV sind für Geruchsmarken in der Klasse 2 nicht relevant.

3.1.5 Zwischenergebnis: Geruchsmarke für Waren der Klasse 2

Folglich sind Geruchsmarken für Waren der Klasse 2 grundsätzlich geeignet.

---

253 Siehe oben unter 3.1 Markenfähigkeit, Art. 4 GMV.
254 So für Waren der Klasse 4 das HABM (3. Beschwerdekammer), GRUR 2002, 350 – Der Duft von Himbeeren. Daher wird diese Problematik auch erst dort unter 3.3 Geruchsmarke für Waren der Klasse 4 näher erörtert.
255 So auch Sessinghaus S. 88.
256 Knoblich/ Scharf/ Schubert S. 80.

3.2 Geruchsmarke für Waren der Klasse 3

Die Klasse 3 enthält im Wesentlichen Parfümeriewaren, Mittel für die Körper- und Schönheitspflege, Putz- und Waschmittel sowie ätherische Öle und Lufterfrischer.

3.2.1 Parfum

Zur Klasse 3 gehören Parfums in all seinen Formen[257]. An diese denkt der Laie bei dem markenrechtlichen Schutz eines Geruchs in der Regel zu allererst. Es dränge sich auf, dass das duftende Produkt schlechthin, markenrechtlich schutzfähig sein müsse.

3.2.1.1 Markenfähigkeit, Art. 7 Abs. 1 lit. a) GMV

Parfums sind gemäß Art. 7 Abs. 1 lit. a) GMV markenfähig.[258]

3.2.1.2 Konkrete Unterscheidungskraft, Art. 7 Abs. 1 lit. b) GMV

Fraglich ist, ob eine Geruchsmarke für ein Parfum konkret unterscheidungskräftig ist. Maßgeblich ist, ob der zu schützende Duft hinsichtlich des Produktes üblich ist. Als Geruchsmarken kommen hier die einzelnen Parfumdüfte selbst, die Einzelkomponenten eines Parfums und ein vom Parfumduft unabhängiger Duft in Betracht.

Die einzelnen Parfumdüfte sind, auch wenn sie sich teilweise ähneln, unterschiedlich. Viele Verbraucher können Parfumdüfte ihren Unternehmen zuordnen. Unter den einzelnen Parfumdüften existiert kein für das Produkt Parfum üblicher Duft. Folglich sind sie konkret unterscheidungskräftig gemäß Art. 7 Abs. 1 lit. b) GMV.

Anders könnte dies bei den Einzelkomponenten eines Parfums zu beurteilen sein. Vanillin beispielsweise ist als Fixateur in der Basisnote ein notwendiger Bestandteil nahezu jedes orientalischen Herren- und Damenparfums. Daher ist sein Geruch in Parfums nicht unterscheidungskräftig.[259]

Der Einsatz eines vom Parfumduft unabhängigen Duftes als Marke könnte beispielsweise derart erfolgen, dass das Parfum in einem nach Erdbeere duftenden Karton verpackt wäre. Da ein Erdbeerduft für Parfums unüblich ist, wäre eine solche Marke konkret unterscheidungskräftig.

---

257 Hiervon sind auch Eau de Parfums, Eau de Toilettes, Rasierwässer etc. umfasst.
258 Siehe oben unter 3.1 Markenfähigkeit, Art. 4 GMV.
259 Vgl. auch Sieckmann, WRP 2002, 494.

*3.2.1.3 Beschreibende Angaben und Gattungsbezeichnung,
Art. 7 Abs. 1 lit. c) und d) GMV*

Düfte, die Parfums beschreiben könnten, sind nicht denkbar. Ebenso wenig gibt es Düfte, die zur Bezeichnung von Parfums üblich geworden sind. Geruchsmarken für Parfums scheitern daher nicht am Eintragungshindernis des Art. 7 Abs. 1 lit. c) und d) GMV.

3.2.1.4 Selbständigkeit, Art. 7 Abs. 1 lit. e) GMV

Die notwendige Selbständigkeit der Marke von der Ware hat als allgemeines Prinzip in Art. 7 Abs. 1 lit. e) GMV seinen Ausfluss für Formmarken gefunden.[260] Sie wird als allgemeine Regel angesehen, dass eine Marke nicht das Produkt selbst, also für dieses wesensbestimmend sein darf. Der als Marke zu schützende Duft müsste daher gegenüber dem Produkt selbständig sein. Als zu schützender Duft kommen wiederum der Parfumduft selbst, die jeweiligen Einzelkomponenten eines Parfums und ein von dem Parfumduft unabhängiger Duft in Betracht.

Der Parfumduft stellt das Produkt selbst dar und ist dessen unerlässliche Eigenschaft. Es besteht keine funktionale Verschiedenheit der Marke von der Ware. Die Geruchseigenschaft eines Parfums ist keine Zusatz-, vielmehr maßgebliche Hauptfunktion und beinhaltet damit das „Wesen" des Produktes selbst. Der Duft des Parfums ist für das Produkt wesensbestimmend. Daher scheitert die Eintragungsfähigkeit eines Parfumduftes als Marke für ein Parfum an der Selbständigkeit der Marke von der Ware. Der Parfumduft ist der eindeutigste und unumstrittenste Fall für die Eintragungsunfähigkeit desselben Duftes als Geruchsmarke.[261]

Der Duft von Einzelkomponenten, aus denen sich der Duft des Parfums zusammensetzt, scheitert an Art. 7 Abs. 1 lit. e) GMV aufgrund der Tatsache, dass er einen integrativen Bestandteil der jeweiligen Geruchskomposition darstellt und daher nicht selbständig und somit freihaltebedürftig ist.[262]

Ein von dem Parfumduft unabhängiger Duft ist nicht für das Produkt Parfum selbst wesensimmanent und würde folglich nicht am Eintragungshindernis des Art. 7 Abs. 1 lit. e) GMV scheitern. Der Einsatz einer derartigen Geruchsmarke könnte beispielsweise durch die Beduftung von Warenverpackungen erfolgen. Denn es ist – wie bei dreidimensionalen Marken oder Farbmarken – auch bei Geruchsmarken zwischen dem Produkt an sich und der Verpackung zu unter-

---

260 Siehe unter 3.2.5 Form oder Aufmachung der Ware, Art. 7 Abs. 1 lit. e) GMV.
261 Vgl. auch Viefhues, MarkenR 1999, 251; Fezer § 3 MarkenG Rn 610; Grabrucker in Schönberger/ Stilcken S. 186; Sessinghaus S. 20; Thilo S. 298; Arbeitsrichtlinien der AIPPI Frage Q181, s. www.aippi.org (letzter Aufruf 19.11.2009).
262 Sessinghaus S. 21.

scheiden.[263] So könnte beispielsweise ein Parfum in einen duftenden Karton verpackt sein, dessen Duft sich gänzlich von dem des Parfums unterscheidet und der Duft daher selbständig gegenüber dem Produkt selbst ist. Fraglich erscheint hierbei allerdings, ob ein vom Parfumduft völlig unterschiedlicher Duft, wie beispielsweise der von Erdbeeren, als Geruchsmarke für Parfums sinnvoll ist, da die Bewerbung eines duftenden Produktes mit einem anderen Duft zu Überreizungen und Vermischungen und daher zu Verwirrungen bei den Verbrauchern führen könnte.

3.2.1.5 Verstoß gegen die öffentliche Ordnung oder gegen die guten Sitten, Täuschungseignung der Marke, geschützte Hoheitszeichen, Embleme usw., Art. 7 Abs. 1 lit. f) – j) GMV

Für Parfums sind keine Eintragungshindernisse nach Art. 7 Abs. 1 lit. f) – j) denkbar.

3.2.1.6 Zwischenergebnis: Parfum

Der Parfumduft selbst ist als Marke nicht schutzfähig. Seine Zusammensetzung wird seit Jahrhunderten lediglich als Betriebsgeheimnis geschützt.[264] Der technische Fortschritt ermöglicht es allerdings heutzutage, dass der Zugang zu einem Labor und geeignetem Wissen über die Techniken der Gaschromatographie und Massenspektrometrie ausreicht, um die Zusammensetzung eines Parfums herauszufinden. Die Reproduktion von Parfum ist damit bereits heute möglich. Angesichts der steigenden Verbreitung von Imitationen auf dem Markt verlangen Parfumhäuser daher immer öfter urheberrechtlichen Schutz, um die Gefährdung ihrer Investitionen zu schützen.[265]

Einzelkomponenten eines Parfums sind weder konkret unterscheidungskräftig noch selbständig und daher nicht eintragungsfähig.

Denkbar ist lediglich ein sich gänzlich von dem Parfumduft unterscheidender Duft. Dabei ist allerdings auf eine mögliche Irritation des Verbrauchers Rücksicht zu nehmen.

---

263 Vgl. Ströbele, GRUR 1999, 1043, 1048; Grabrucker, MarkenR 2001, 101.
264 Balañá, GRUR Int. 2005, 981.
265 Siehe z.B. Berufungsurteil des Cour d'Appel de Paris, 4ème ch., section B, vom 06.06.1997; Urteil des TGI Paris, 3ème ch., vom 05.11.1997; Handelsgericht Paris, MarkenR 2001, 258 ff.; Berufungsurteil des Cour d'Appel de Paris, 4ème ch., vom 28.06.2000; Arrondissementrechtsbank Maastrich, AMI 2002-5, 193; Urteil des TGI Paris, 3ème ch., vom 28.05.2002; Urteil des TGI Paris, 3ème ch., 1ère sect., vom 26.05.2004; Urteil des TGI Paris, 3ème ch., 2ème sect., vom 04.06.2004; Berufungsurteil des Cour d'Appel de Paris, 4ème ch., vom 17.09.2004; Gerechtshof ten's-Hertogenbosch, GRUR Int. 2005, 521 f.

3.2.2 Andere Körper- und Schönheitspflegeartikel

Schwieriger zu beurteilen ist die Eintragungsfähigkeit von Düften für andere Körper- und Schönheitspflegeartikel (wie zum Beispiel Seifen, Shampoos, Kosmetikartikeln).

3.2.2.1 Konkrete Unterscheidungskraft, Art. 7 Abs. 1 lit. b) GMV

Unterscheidungskräftig sind Geruchszeichen nur, wenn sie nicht für das Produkt typisch sind, also von dem Käufer nicht erwartet oder vorausgesetzt werden. In diesem Warensegment haben sich bereits für bestimmte Produkte gewisse Düfte durchgesetzt. Es gibt beispielsweise viele Handcremes, die nach Kamille duften oder Lotionen mit Honigduft, um den pflegenden Aspekt der Creme olfaktorisch zu unterstreichen. Zahnpasten und Mundwässer duften typischerweise nach Minze. Außerdem gibt es Shampoos, die durch Bierduft die kräftigende Wirkung hervorheben sollen. Diese Düfte sind angelehnt an die jeweiligen Wirkstoffe in den Produkten. Da derartige Düfte bei Körper- und Schönheitsartikeln mittlerweile üblich sind, fehlt ihnen die konkrete Unterscheidungskraft.

Abgesehen von diesen wirkstoffnahen Düften gibt es in diesem Warensegment jedoch noch eine Vielzahl von Produkten, denen in der Regel keine „typischen" Düfte anhaften oder ihnen ohnehin typischerweise beigefügt sind. Gegen die konkrete Unterscheidungskraft gemäß Art. 7 Abs. 1 lit. b) GMV von Düften für diese Produkte spricht, dass der Käufer erwartet, dass die meisten dieser Artikel in diesem Warensegment einen Duft aufweisen. Der Geruch würde dann vom Verbraucher unter Umständen nicht als kennzeichnendes Unterscheidungsmerkmal sondern als Eigenschaft verstanden.[266] Dem ist entgegenzuhalten, dass es beispielsweise eine Vielzahl von Cremes gibt, die die Verbraucher bereits anhand ihres Duftes unterscheiden können. Zum Beispiel ist der Duft der „Penaten"-Creme vielen Verbrauchern seit ihrer Kindheit bekannt. Ebenso ist es mit dem Duft von „Nivea"- und „Bebe"-Creme sowie vielerlei Sonnenlotionen. Diese Produkte haben teilweise sogar so spezifische, wieder erkennbare Gerüche, dass Art. 7 Abs. 1 lit. b) GMV keine Anwendung findet, da die Marke infolge von Benutzung bereits Unterscheidungskraft erlangt hat (Art. 7 Abs. 3 GMV).[267] In diesem Warensegment zeigt sich daher besonders eindrucksvoll, wie Gerüche bereits zur Unterscheidung eingesetzt werden, ohne jedoch bisher markenrechtlich geschützt zu sein.

---

266 So Kutscha S. 119.
267 So auch Sessinghaus S. 89.

3.2.2.2 Beschreibende Angaben, Art. 7 Abs. 1 lit. c) GMV

Fraglich ist, ob es Düfte gibt, die als beschreibende Angabe für Körper- oder Schönheitsartikel nach Art. 7 Abs. 1 lit. c) GMV von der Eintragung ausgeschlossen sein könnten. In Betracht kommt hierbei, dass ein Duft zur Bezeichnung sonstiger Merkmale der Ware dienen kann. Dies könnte bei Düften der Fall sein, die eine Eigenschaft des Produktes suggerieren sollen. So soll beispielsweise ein Kamillenduft bei Körper- und Schönheitsartikeln die beruhigende Wirkung hervorheben und ist dann dem Produkt zumeist auch als Wirkstoff zugefügt. Derartige Düfte bezeichnen ein Merkmal des Produktes. Um nach Art. 7 Abs. 1 lit. c) GMV von der Eintragung ausgeschlossen zu sein, müsste das Produkt allerdings ausschließlich nach diesem Wirkstoff riechen. Ein Eintragungshindernis nach Art. 7 Abs. 1 lit. c) GMV ist daher zu verneinen.

3.2.2.3 Gattungsbezeichnung, Art. 7 Abs. 1 lit. d) GMV

Bisher gibt es keine Düfte, die zur Bezeichnung von Körper- und Schönheitsartikeln üblich geworden sind. Der Anwendungsbereich des Art. 7 Abs. 1 lit. d) GMV ist daher bei Körper- und Schönheitsartikeln nicht betroffen.

3.2.2.4 Selbständigkeit, Art. 7 Abs. 1 lit. e) GMV

Für die Geruchsmarke gilt nach dem Grundsatz der Selbständigkeit der Marke von der Ware, dass ein Duft nicht für die Waren eingetragen werden kann, die genau diese Eigenschaft als wesensbestimmend an sich haben.[268] Da von Körper- und Schönheitspflegeartikeln in der Regel zumindest auch ein Geruch ausgeht, könnte die notwendige Selbständigkeit der Marke von der Ware (Art. 7 Abs. 1 lit. e) GMV) einer Eintragung von Düften für diese Produkte entgegenstehen. Die Selbständigkeit der Marke von der Ware schließt aber nicht aus, dass die Marke ein Bestandteil der Ware ist. Es kommt nicht auf die körperliche oder gegenständliche Selbständigkeit der Marke von der Ware an, sondern auf die aus der Identifizierungsfunktion der Marke folgende funktionale Verschiedenheit der Marke von der Ware.[269] Fraglich ist daher, ob ein Duft bei Körper- und Schönheitsartikeln wesensbestimmend ist, also dessen maßgebliche Hauptfunktion darstellt.

Diese Problematik kann am besten anhand eines Beispiels erörtert werden. Ein typisches Körperpflegeprodukt ist ein Haarshampoo. Ursprünglich wurden Shampoos hergestellt und gekauft, um das Haar zu reinigen. Der Hauptnutzen eines Shampoos könnte daher einzig und allein in der Reinigung des Haares bestehen. Die Selbständigkeit einer Geruchsmarke für Shampoos wäre demnach

---

268 Grabrucker in Schönberger/ Stilken S. 186.
269 Fezer § 3 MarkenG Rn 610.

gegeben. Andererseits wird bei der Herstellung von Shampoos heutzutage nicht nur darauf geachtet, dass es das Haar reinigt, sondern auch darauf, dass es dem Haar Glanz, eine leichte Frisierbarkeit und einen angenehmen Duft verleiht. Fraglich ist, ob diese Komponenten damit ebenfalls zum Hauptnutzen eines Shampoos gehören und folglich der Selbständigkeit einer Geruchsmarke für diese Produkte entgegenstehen.

Der primäre Nutzen veranlasst den Verbraucher zum Gebrauch eines bestimmten Produktes.[270] Ein Shampoo wird in erster Linie zur Reinigung des Haares gekauft. Es erfüllt bereits ohne Duft seine vollständige Funktion. Weitere Komponenten wie die Verleihung eines angenehmen Duftes können daher lediglich den emotionalen Zusatznutzen darstellen, nicht den emotionalen Hauptnutzen.[271] Der Duft eines Shampoos ist ein angenehmer und unter Umständen gewollter Nebeneffekt. Der sekundäre Nutzen eines Produktes ist aber niemals der Grund dafür, ein Produkt einer bestimmten Warenkategorie zu kaufen. Vielmehr kann er den Verbraucher veranlassen, eine spezielle Marke oder ein ganz bestimmtes Modell einem anderen vorzuziehen.[272] Der Duft eines Shampoos oder auch eines anderen Körper- oder Schönheitspflegeartikels ist daher in der Regel lediglich eine positive und gewollte, aber sekundäre Eigenschaft der Ware. Er ist gegenüber der Ware frei wählbar, funktional unabhängig und damit selbständig. Dies zeigt sich auch dadurch, dass es in diesem Warensegment extra parfumfreie Produkte gibt (insbesondere Produkte für Allergiker).

Dies könnte allerdings bei Körperlotionen, Seifen oder Deodorants anders zu beurteilen sein, die als Körper- oder Schönheitspflegeserie eines bestimmten Parfums mit dem gleichen Duft ausgestattet sind wie das jeweilige Parfum und die besonders stark nach diesem Parfumduft riechen. Fraglich ist, ob bei diesen Produkten (wie bei Parfums) der wesentliche Zweck des Produktes die Parfümierung und damit die Beduftung der Haut bzw. des Haares darstellt oder ob auch ihr wesentlicher Zweck in der Pflege bzw. Reinigung der Haut liegt. Denkbar ist, dass ein Verbraucher, der beispielsweise eine stark parfümierte Körperlotion benutzt, ganz auf den Gebrauch von Parfum verzichtet. Dadurch könnte sich der Hauptnutzen von der Pflege der Haut auf die Beduftung derselben verschieben. Entscheidend ist, ob der Verbraucher das Produkt aus dieser Warenkategorie vornehmlich wegen der Parfümierung kauft (etwa als Ersatz für das Parfum) oder wegen seines ursprünglichen primären Nutzens (der Reinigung bzw. Pflege der Haut). Zwar ist denkbar, dass beispielsweise ein parfümiertes Deodorant oder eine parfümierte Creme für einige Verbraucher das Parfum ersetzt. Allerdings wird ein Verbraucher bei rauer Haut oder fettigem Haar nicht zu einem Parfum greifen. Auch bei Produkten, die derart stark parfümiert sind, dass sie den Gebrauch von Parfum entbehrlich machen, findet keine Verschie-

---

270 Jellinek S. 13.
271 Vgl. Knoblich/ Scharf/ Schubert S. 70.
272 Jellinek S. 13.

bung des primären Nutzens statt. Sie sind trotzdem als Reinigungs- bzw. Pflegeprodukt einzustufen. Ihre angenehme Beduftung ist lediglich ein unter Umständen gewünschter aber sekundärer Nebeneffekt. Auch bei diesen Produkten ist der Duft gegenüber der Ware frei wählbar, funktional unabhängig und damit selbständig.

3.2.2.5 Zwischenergebnis: andere Körper- und Schönheitspflegeartikel

Abgesehen von Düften, die bereits für bestimmte Produkte üblich sind[273], stehen Geruchsmarken für Körper- und Schönheitspflegeartikel keine Eintragungshindernisse entgegen, da sie in der Regel unterscheidungskräftig, nicht beschreibend und selbständig sind. Gerüche werden in diesem Warensegment sogar bereits zur Unterscheidung eingesetzt, ohne markenrechtlichen Schutz zu genießen.

3.2.3 Putz- und Waschmittel

Fraglich ist, wie die Eintragungsfähigkeit von Düften als Marken für Putz- und Waschmittel zu beurteilen ist.

3.2.3.1 Konkrete Unterscheidungskraft, Art. 7 Abs. 1 lit. b) GMV

Bei Putzmitteln sind bereits verschiedene Düfte üblich. Bezüglich der Duftnote sind beispielsweise Geschirrspülmittel, aber auch andere Putz- und Reinigungsmittel weltweit stark auf Zitrusdüfte festgelegt.[274] Ihre Frische soll eine Assoziation von Sauberkeit und Hygiene vermitteln. Ein Zitrusduft wäre für diese Produkte daher nicht konkret unterscheidungskräftig.[275]

Bei Waschmitteln sind demgegenüber die zugesetzten Düfte meist sehr speziell, so dass jede Hausfrau sie ohne Probleme wieder erkennen kann. Diese Düfte dienen damit bereits zur Produktidentifikation.

3.2.3.2 Beschreibende Angaben, Art. 7 Abs. 1 lit. c) GMV

Fraglich ist, ob bestimmte Gerüche für Putz- oder Waschmittel beschreibend und daher nach Art. 7 Abs. 1 lit. c) GMV freihaltebedürftig sind. Bei Gerüchen ist von einem – unabhängig von der Beurteilung der Unterscheidungskraft festzustellenden – Freihaltebedürfnis auszugehen ist, wenn der Geruch geeignet ist, ein Merkmal der Ware oder Dienstleistung zu beschreiben, für die das Zeichen als Marke eingetragen werden soll.

---

273 Wie z.B. ein Kamillenduft für Handcremes.
274 Knoblich/ Scharf/ Schubert S. 73.
275 So auch Grabrucker in Schönberger/ Stilcken S. 186; Sessinghaus S. 89.

Bei Putz- und Waschmitteln werden den Produkten oft Düfte zugesetzt, die eine bestimmte Eigenschaft des Produktes suggerieren sollen. Der Geruch von Textilwaschpulvern soll beispielsweise den Kleidungsstücken anhaften, so dass die gewaschenen Kleidungsstücke frisch gereinigt und sauber riechen. Ebenso haben Düfte von Haushaltsreinigern vielfach den Zweck, dass das Haus frisch geputzt riecht. Diese Gerüche machen jedoch keine Aussage über das Produkt selbst.[276] Sie beziehen sich nicht unmittelbar auf die reinigende Wirkung dieser Produkte, sondern sind lediglich mittelbar beschreibend. Derartige Düfte unterliegen daher keinem Freihaltebedürfnis nach Art. 7 Abs. 1 lit. c) GMV.

Dem Einwand, dass der Verkehr nur mit einem begrenzten Repertoire an Gerüchen „Sauberkeit" und „Frische" assoziiert und daher eine Monopolisierung derartiger Gerüche verhindert werden müsse,[277] ist entgegenzuhalten, dass sich in solchen Konstellationen eine Schutzversagung bereits aus Art. 7 Abs.1 lit. b) GMV ergibt, nämlich dann, wenn bestimmte Gerüche nach „Sauberkeit" oder „Frische" üblich sind. Dies ist beispielsweise – wie bereits erörtert – bei Zitrusduft für eine Vielzahl Putz- und Reinigungsmitteln der Fall.

3.2.3.3 Selbständigkeit, Art. 7 Abs. 1 lit. e) GMV

Fraglich ist, ob Düfte gegenüber Putz- und Waschmitteln selbständig sind. Der primäre Nutzen von Putz- und Waschmitteln liegt grundsätzlich in der Reinigung. Unabhängig vom Duft erfüllen diese Produkte ihre volle Funktion. Ihr Duft und der Zweck ein mit dem Mittel gewaschenes Kleidungsstück oder die mit dem Mittel geputzten Räume oder Gegenstände sauber riechen zu lassen sind lediglich Zusatznutzen.[278]

Anders könnte dies jedoch bei scharfen Reinigungsmitteln zu beurteilen sein. Die chemischen Inhaltsstoffe dieser Produkte haben zumeist einen unangenehmen Geruch. Damit der Verbraucher nicht durch ihn abgeschreckt wird, das Produkt zu benutzen, wird diesen Produkten zumeist ein Duft zugefügt, der den unangenehmen Duft verdecken soll. Hier könnte der Duft zur Erreichung eines technischen Erfolges, nämlich der Verdeckung eines unangenehmen Produktgeruchs, erforderlich sein und damit die Selbständigkeit in Frage stehen.[279] Da der Hersteller dieser Waren jedoch in der Regel eine Auswahlmöglichkeit bezüglich eines derartigen „Verdeckungs"-Duftes hat, ist ein Freihaltebedürfnis zu verneinen. Die Selbständigkeit des Duftes von der Ware ist demnach bei Putz- und Waschmitteln gegeben.

---

276 So auch Sessinghaus S. 99.
277 Elias, Vol. 82 TMR, 489; vgl. auch Darstellung bei Thilo S. 275 bzgl. Farbmarken.
278 So im Ergebnis auch Elias, Vol. 82 TMR, 476.
279 So Elias, Vol. 82 TMR, 499.

3.2.3.4 Zwischenergebnis: Putz- und Waschmittel

Dass bereits vielfach versucht wird Düfte marketingwirksam einzusetzen, zeigt das Beispiel der Dresdner Firma Eg-Gü, die bereits duftende Schuhpflegemittel auf den Markt gebracht hat, welche die Geruchsbildung im und am Schuh lang anhaltend hemmen sollen und auch zur Identifizierung der Herkunft des Pflegemittels geeignet wäre.

Maßgeblich bei der Beurteilung der Eintragungsfähigkeit von Geruchsmarken ist immer der Einzelfall. Für Putz- und Waschmittel sind einige Düfte nicht eintragungsfähig, weil sie nicht unterscheidungskräftig sind. Dennoch gibt es eine Vielzahl von Düften, die für dieses Warensegment als Geruchsmarke denkbar sind. Geruchsmarken sind auch für in diesem Abschnitt nicht erwähnte andere Produkte aus dieser Warenklasse denkbar.

3.2.4 Ätherische Öle und Lufterfrischer

Bei ätherischen Ölen und Lufterfrischern sind viele Gerüche bereits ausgeschlossen, weil sie für diese Produkte üblich sind und damit nicht unterscheidungskräftig.

Stellt der Duft eine wesentliche Eigenschaft der Ware dar, fehlt ihm die Selbständigkeit. Dies ist beispielsweise bei Düften von Ölen, die der Aromatherapie dienen, ebenso wie bei Düften für das Produkt Lufterfrischer[280] der Fall.[281] Als Geruchsmarken bieten sich diese Produkte folglich nicht an.

3.3 Geruchsmarke für Waren der Klasse 4

Fraglich ist, ob Geruchsmarken für die Klasse 4 eintragungsfähig sind. Die Klasse 4 enthält im Wesentlichen technische Öle und Fette, Brennstoffe und Leuchtstoffe, Kerzen und Dochte für Beleuchtungszwecke.

3.3.1 Konkrete Unterscheidungskraft, Art. 7 Abs. 1 lit. b) GMV

Wesentliche Warenseigenschaften sind nicht unterscheidungskräftig. Daher wird vertreten, dass bei Waren mit starkem Eigengeruch, der zudem unangenehm sein mag, sich der Geruchseindruck von diesen Waren für den Verbraucher durch Hinzufügen des Duftstoffes nicht oder nur geringfügig verändere.[282] In diesem Fall könne der Duftstoff den Warengeruch lediglich angenehmer machen. Dennoch würde der Verbraucher den Geruch nicht getrennt von den Waren auf-

---

280 Hierzu gehören auch sog. „Duftbäume" und ähnliche Produkte.
281 Vgl. auch Sessinghaus S. 20; Viefhues, MarkenR 1999, 251; Elias, Vol. 82 TMR, 476; Thilo S. 298.
282 HABM (3. Beschwerdekammer), GRUR 2002, 350 – Der Duft von Himbeeren.

nehmen. Die Beimischung von Duft zu unangenehm riechenden Waren ähnele der Parfümierung von schlecht riechenden Räumen durch Duftsprays. Der Verbraucher würde voraussichtlich den Duft als einen der vielfältigen Versuche der Industrie werten, den Geruch dieser Waren angenehmer zu machen. Der Verbraucher würde den Duft nur als eine Verbesserung des Erscheinungsbildes, ähnlich eines dekorativen Elements, nicht jedoch als ein Zeichen, welches eine Herkunfts- und Unterscheidungsfunktion ausübt, erkennen. Daher und in Hinblick auf den schwachen Duft gegenüber dem starken Eigengeruch einiger Waren könne sich der Verbraucher nicht an dem Geruch als Marke orientieren. Er würde in dem Geruch lediglich eine Parfümierung der Ware und nicht eine Marke erkennen.[283]

Aber ist das nicht gerade der Sinn und Zweck einer Geruchsmarke? Gerade die Tatsache, dass beispielsweise Motorentreibstoffe einen eigenartigen unangenehmen Geruch haben, erhöht die Wahrscheinlichkeit, dass ein zum Beispiel nach Himbeere riechender Motorentreibstoff besonderes Aufsehen erregt und dementsprechend Beachtung findet. Diese Beachtung führt dazu, dass der Verbraucher eine engere Verknüpfung des bestimmten Motorentreibstoffes zum Hersteller zieht und bei wiederholter Erfahrung das nach Himbeere duftende Produkt direkt dem bestimmten Hersteller zuordnet.[284]

Darüber hinaus ist nicht ersichtlich, warum der zugesetzte Duft „schwach" sein sollte. Um beim Beispiel des nach Himbeere riechenden Motorentreibstoffes zu bleiben, ist dazu folgendes anzumerken: Der Duft oder das Aroma von Himbeeren, sofern er technischen lipophilen Produkten zugesetzt wird, ist nicht von natürlichen Himbeeren abgeleitet. Der natürliche Duft von Himbeeren wird durch ca. 250 verschiedene Inhaltsstoffe hervorgerufen.[285] Fruchtaromen können nicht direkt aus Früchten gewonnen werden, da sie meist nur in Mengen von 20-50 mg/kg, also unter 0,005 % zugegen sind.[286] Es ist praktisch nicht möglich, Himbeeraroma zum Beispiel destillativ in ausreichend konzentrierter Form abzutrennen. Ein typisches synthetisches Himbeeraroma besteht aus 18 Riechstoffkomponenten.[287] Wird das synthetische Himbeeraroma in genügend hoher Konzentration Brennstoffen, wie Diesel, zugefügt, ist dies bei weitem kein gegenüber dem starken Eigengeruch des Diesels „schwacher" Duft. Es wäre sogar Vorsicht geboten, dass Kinder die so gekennzeichnete Ware nicht versehentlich für ein Himbeergetränk halten, was aber durch die Verkaufsart von Diesel an Tankstellen ausgeschlossen erscheint.[288]

---

283 HABM (3. Beschwerdekammer), GRUR 2002, 350 – Der Duft von Himbeeren.
284 Sessinghaus S. 88.
285 Römpp-Lexikon Chemie (Band 3) S. 1755.
286 Ziegler S. 184.
287 Ziegler S. 200.
288 Sieckmann, WRP 2002, 493.

Diese Beurteilung bestätigt auch die amerikanische Praxis, die ebenfalls Unterscheidungskraft fordert (Art. 1052 Lanham Act) und wo bereits verschiedene Düfte für synthetische Fahrzeugschmiermittel und Motoröle eingetragen sind.[289] Auch in Großbritannien wird ein Rosenduft für technische Schmieröle für unternehmenskennzeichnend gehalten. Eine entsprechende Marke ist dort eingetragen.

Anders könnte die konkrete Unterscheidungskraft beispielsweise bei Lampenöl[290] zu beurteilen sein. Die Geruchsverbesserung von Lampenöl ist üblich und es könnte unterstellt werden, dass jedenfalls insoweit der Verkehr in einem vom Eigengeruch dieser Ware abweichenden Geruch – noch dazu einem angenehmen – keinen Ursprungshinweis sehen wird, sofern die Verbraucher nicht „gelernt" haben, in dem abweichenden Geruch einen solchen Hinweis zu erkennen (Art. 7 Abs. 3 GMV).[291] Dies ist in dieser Grundsätzlichkeit jedoch zu verneinen. Soweit sich bestimmte Gerüche nicht durchgesetzt haben und für diese Produkte üblich geworden sind, ist auch bei einer Zugabe eines Duftstoffes in Lampenöl Unterscheidungskraft gegeben.

3.3.2 Selbständigkeit, Art. 7 Abs. 1 lit. e) GMV

Fraglich ist, ob bei Waren, die unangenehm riechen, wie es bei Produkten in dieser Warenklasse zumeist der Fall ist, ein angenehmer Duft gegenüber der Ware selbständig ist. Bei Düften, mit denen bestimmte Waren versehen werden, um den unangenehmen Duft zu verdecken, der von den chemischen Inhaltsstoffen dieser Waren ausgeht, könnte der Duft zur Erreichung einer technischen Wirkung erforderlich und daher mangels Selbständigkeit nicht markenfähig sein. Jedoch ist der Produzent solcher Waren in der Regel nicht auf die Verwendung eines bestimmten Duftes angewiesen, sondern hat die Auswahl zwischen

---

289 In den USA sind gemäß Internetdatenbank Tess (s. www.uspto.gov/web/menu/search.html (letzter Aufruf 19.11.2009) unter "mark drawing code 6") u.a. folgende Geruchsmarken angemeldet/ eingetragen worden: US 75404020 "The mark consists of the almond scent of goods" for "lubricants and motor fuels for land vehicles, aircraft and watercraft"; US 75360106 "The mark consists of the tutti frutti scent of the goods" for "lubricants and motor fuels for land vehicles, aircraft and watercraft"; US 75360105 "The mark consists of the citrus scent of the goods" for "lubricants and motor fuels for land vehicles, aircraft and watercraft"; US 75360104 "The mark consists of the grape scent of the goods" for "lubricants and motor fuels for land vehicles, aircraft and watercraft"; US 75360103 "The mark consists of the bubble gum scent of goods" for "synthetic lubricants and motor fuels for land vehicles, aircraft and watercraft"; US 75 360102 "The mark consists of the strawberry scent of goods" for "lubricants and motor fuels for land vehicles, aircraft and watercraft"; US 74720993 "The mark consists of a cherry scent" for "synthetic lubricants for high performance racing and recreational vehicles".
290 Dies gilt auch für Duftkerzen und ähnliche Produkte.
291 Eisenführ/ Schennen Art. 7 Rn 89.

verschiedenen Düften. Aufgrund der Auswahlmöglichkeit des Herstellers dieser Waren ist die Selbständigkeit derselben von der Marke mithin gegeben.[292]

Fraglich ist, ob Gleiches auch für Produkte dieser Warenklasse gilt, die ursprünglich keinen Eigengeruch haben oder zumindest keinen unangenehmen. Diese Frage stellt sich in diesem Warensegment in erster Linie für Duftkerzen. Wie bei den Körper- und Schönheitspflegeartikeln muss hier danach gefragt werden, worin der Hauptnutzen des Produktes liegt. Ist die Beduftung der Umgebung der wesentliche Zweck von Duftkerzen oder ist es der ursprünglich primäre Nutzen, nämlich die Beleuchtung der Umgebung? Die Abgrenzung ist bei Duftkerzen erheblich schwieriger als bei parfümierten Körper- und Schönheitspflegeartikeln, da Kerzen heutzutage im Wesentlichen nicht mehr nur der reinen Beleuchtung dienen, sondern vornehmlich der Dekoration. Hierzu kann auch die Dekoration der Raumluft gehören. Im Gegensatz zu den Körper- und Schönheitspflegeartikeln, bei denen parfümierte Artikel dieser Warenklasse ein Parfum ersetzen können, aber nicht umgekehrt, kann die Duftkerze ein Raumspray ersetzen, das Raumspray aber unter Umständen auch die Duftkerze. Dies bedeutet, dass Duftkerzen gezielt für die Raumbeduftung eingesetzt werden und den wesentlichen Wert dieses Dekorationsartikels (bzgl. Beleuchtung und Duft) darstellen. Dies gilt umso mehr, wenn der gewählte Duft dieser Kerzen einem bestimmten Zweck dient, beispielsweise Insekten fern zu halten. Ein Hauptnutzen von Duftkerzen liegt folglich in dem Duft dieses Produktes. Dieser Duft ist daher nicht selbständig von der Ware. Die Eintragung eines Duftes für Duftkerzen scheitert an Art. 7 Abs. 1 lit. e) GMV.

Demgegenüber könnte die Selbständigkeit eines Duftes gegenüber der Ware bei Kerzen gewahrt sein, die nicht als Duftkerzen ausgewiesen sind, aber dennoch einen Duft verströmen. Diese werden dann nämlich vom Verbraucher vornehmlich zu Beleuchtungszwecken erworben und ihr Duft wäre lediglich ein angenehmer Zusatznutzen.

3.3.3 Zwischenergebnis: Geruchsmarke für Waren der Klasse 4

Maßgeblich ist immer der Einzelfall. Auch in dieser Warenklasse ist eine Vielzahl von Düften für bestimmte Waren als Geruchsmarken denkbar, andere scheitern dagegen an einem der Eintragungshindernisse des Art. 7 GMV. So sind beispielsweise auch von ihrer Natur aus unangenehm duftende Waren, wie Motorentreibstoffe, eintragungsfähig. Demgegenüber fehlen Duftkerzen aufgrund ihres Hauptnutzens, der Beduftung ihrer Umgebung, die Selbständigkeit.

---

292 So auch Sessinghaus S. 21.

3.4 Geruchsmarke für Waren der Klasse 5

Die Klasse 5 enthält im Wesentlichen pharmazeutische Erzeugnisse und andere Erzeugnisse für medizinische Zwecke. Denkbar ist hier die Beduftung von Pflastern, Desinfektionsmitteln und Medikamenten sowie Damenbinden, Windeln und Toilettenpapier[293]. Eintragungshindernisse stehen einer Geruchsmarke in dieser Warenklasse nicht entgegen. Allerdings muss in diesen Anwendungsbereichen beachtet werden, dass Allergien entstehen können.

3.5 Geruchsmarke für Waren der Klasse 7

Die Klasse 7 enthält im Wesentlichen Maschinen, Werkzeugmaschinen und Motoren. In den USA wurde der Duft „lemon fragrance" als Geruchsmarke unter anderem für Photokopiergeräte registriert.[294] Dies ist grundsätzlich auch nach Europäischem Recht denkbar. Im Übrigen sind Düfte als Geruchsmarken für diese Warenklasse nicht prädestiniert.

3.6 Geruchsmarke für Waren der Klasse 8

Die Klasse 8 enthält im Wesentlichen handbetätigte Werkzeuge und Geräte, die in verschiedenen Berufen als Werkzeuge verwendet werden. Mit der Beduftung technischer Geräte hat beispielsweise die Wella AG experimentiert. Das Unternehmen beliefert Friseure nicht nur mit Haarpflegeprodukten, sondern auch mit anderer, für die Kundenbetreuung notwendiger Ausstattung. In diesem Rahmen wurde versucht, Trockenhauben zu beduften.[295] Auch für diese Waren bestehen keine rechtlichen Bedenken bezüglich ihrer Eintragungsfähigkeit. Allerdings muss die praktische Relevanz derartiger Geruchsmarken bezweifelt werden.

3.7 Geruchsmarke für Waren der Klasse 9

Die Klasse 9 enthält wissenschaftliche, Schifffahrts-, Vermessungs-, fotografische, Film-, optische, Wäge-, Mess-, Signal-, Kontroll-, Rettungs- und Unterrichtsapparate und -instrumente; Apparate und Instrumente zum Leiten, Schalten, Umwandeln, Speichern, Regeln und Kontrollieren von Elektrizität; Geräte zur Aufzeichnung, Übertragung und Wiedergabe von Ton und Bild; Magnetaufzeichnungsträger, Schallplatten; Verkaufsautomaten und Mechaniken für geldbetätigte Apparate; Registrierkassen, Rechenmaschinen, Datenverarbeitungsgeräte und Computer; Feuerlöschgeräte.

---

293 Fezer § 3 MarkenG Rn 610.
294 US 75120036 "The mark consists of a lemon fragrance" for "toner for digital laser printers, photocopiers, microfiche printers and telecopiers".
295 Knoblich/ Scharf/ Schubert S. 79 f.

Im Rahmen dieser Warenklasse wurde zu Beginn der Diskussion um die Geruchsmarke bereits vor allem an Telefonkarten, duftende Schallplatten und duftende Disketten gedacht.[296] Dieser Überlegung stehen bis heute keine rechtlichen Bedenken gegenüber. Allerdings gibt es Warenklassen, für die Geruchsmarken besser geeignet erscheinen.

3.8 Geruchsmarke für Waren der Klasse 12

Die Klasse 12 enthält Fahrzeuge, Apparate zur Beförderung auf dem Lande, in der Luft oder auf dem Wasser.

3.8.1 Konkrete Unterscheidungskraft, Art. 7 Abs. 1 lit. b) GMV

Für Fahrzeuge und andere Beförderungsmittel haben sich bisher keine typischen Gerüche durchgesetzt. Dabei bietet sich gerade die Beduftung der Passagierräume zur Ausübung der Herkunftsfunktion an. Würde beispielsweise ein Aufzughersteller seine Fahrstuhlkabinen mit einem speziellen Duft versehen, würden die Benutzer bereits nach kurzer Zeit das Herstellerunternehmen mit dem Duft in Verbindung bringen können. Ebenso wäre dies bei der Beduftung von Kraftfahrzeugen möglich, solange der gewählte Duft sich nicht in dem typischen „Neuwagenduft" erschöpft. Neuwagen haben nämlich einen ganz typischen Geruch der mangels konkreter Unterscheidungskraft für Neuwagen nicht eintragungsfähig ist.

3.8.2 Beschreibende Angaben, Art. 7 Abs. 1 lit. c) GMV

Ein unmittelbar beschreibender Duft kommt für diese Warenklasse nicht in Betracht.

3.8.3 Gattungsbezeichnung, Art. 7 Abs. 1 lit. d) GMV

Lediglich der typische „Neuwagenduft" ist, wie bereits im ersten Teil dieser Arbeit erläutert[297], als Gattungsbezeichnung für die Gattung „Neuwagen" denkbar und daher gemäß Art. 7 Abs. 1 lit. d) GMV nicht eintragbar. Im Übrigen eigenen sich Gerüche von Natur aus nicht als Gattungsbezeichnung.

3.8.4 Selbständigkeit, Art. 7 Abs. 1 lit. e) GMV

Ein Duft, der für Waren dieser Klasse unselbständig wäre, ist nicht ersichtlich.

---

296 Fezer § 3 MarkenG Rn 610.
297 Siehe im 1. Teil dieser Arbeit unter 3.2.4 Gattungsbezeichnung, Art. 7 Abs. 1 lit. d) GMV.

3.8.5 Täuschungseignung der Marke, Art. 7 Abs. 1 lit. g) GMV

Fraglich ist, ob bei Kraftfahrzeugen zum Beispiel der typische „Neuwagenduft" für gebrauchte Kraftfahrzeuge geeignet ist, das Publikum über die Beschaffenheit der Ware zu täuschen und damit gegen Art. 7 Abs.1 lit. g) GMV zu verstoßen. Neuwagen haben in der Regel einen typischen „Neuwagenduft". Wird ein Gebrauchtwagen mit diesem Duft versehen, kann dies dem Verbraucher suggerieren, dass es sich bei einem Kraftfahrzeug, das derartig riecht, um einen Neuwagen handelt. Der typische „Neuwagenduft" in Verbindung mit einem Gebrauchtwagen ist demnach geeignet, das Publikum über die Beschaffenheit der Ware zu täuschen. Daher verstößt der „Neuwagenduft" für Gebrauchtwagen gegen Art. 7 Abs. 1 lit. g) GMV.

3.8.6 Beispiele aus der Praxis

Schon seit längerem beschäftigt sich sowohl die Literatur als auch die Praxis mit der Beduftung von Kraftfahrzeugen. Bereits Elster hielt den Einsatz von Geruchsmarken für Kraftfahrzeuge für möglich. Hierfür prägte er bereits 1928 den Slogan „der Wagen riecht nach „Benz" statt nach Benzin".[298] In der Praxis wird seit längerem damit experimentiert, die Gerüche in Autos nicht nur zu neutralisieren, sondern auch jedem Fahrzeug eine spezifische Duftnote zu verleihen. Wenn die Kunden einen Aufpreis für Ledersitze bezahlten, wollten sie nicht nur, dass ihr Auto nicht nach Benzin rieche, sondern wie eine „Gucci Tasche", so ein Manager von General Motors. Beim Einstieg in ein Auto soll sofort erkannt werden, in welcher Fahrzeugmarke man Platz genommen hat. Eines der ersten Unternehmen, das seine Autos mit einem „Corporate Smell" versah, war die General Motors-Tochter Cadillac. Die Ledersitze werden mit dem eigens für Cadillac geschaffenen Duftstoffgemisch „Nuance" versehen.[299] Auch im Lancia Kappa befand sich beispielsweise vor einigen Jahren ein „Geruchskiller" in Form eines Kissens unter dem Sitz, der nicht nur unangenehme Gerüche neutralisieren sollte, sondern auch einen Holzduft verströmte.[300] Dieser Duft hielt allerdings nur ein halbes Jahr an. Ebenso hat der Citroën C4 einen nachfüllbaren Parfumspender für eine duftende Klimaanlage.[301]

Autohersteller wie General Motors gestalten ihre Luxuswagen so, dass die Dinge, die die potentiellen Käufer riechen, hören und fühlen, nicht mehr dem Zufall überlassen werden. Allerdings bestehen unterschiedliche Auffassungen darüber, was die Kunden in der richtigen Art und Weise stimuliert. Asiatische Autohersteller konzentrieren sich darauf Geräusche und Gerüche zu eliminieren.

---

298 Elster, GRUR 1928, 783.
299 Hakim s. http://academic.evergreen.edu/cerricular/perception/resources.htm.
300 So Knoblich/ Scharf/ Schubert S. 78.
301 Richarz, Stern 2005, Heft 2, S. 183.

Ebenso wird die Beduftung von Kraftfahrzeugen von deutschen Herstellern bislang nicht verfolgt. BMW gab als Begründung für diesen Verzicht auf Beduftung an, dass das Unternehmenskonzept laute, in allen Bereichen jeden Komfort – etwa in der Ausstattung – zu bieten, um die Individualität des Autobesitzers hervorzuheben. Ein „Einheitsduft" würde diesem Konzept widersprechen.

3.8.7 Zwischenergebnis: Geruchsmarke für Waren der Klasse 12

Grundsätzlich bieten sich Geruchsmarken für die Produkte der Warenklasse 12 an. Sie verstoßen nur in Ausnahmefällen gegen absolute Eintragungshindernisse nach Art. 7 GMV.

3.9 Geruchsmarke für Waren der Klasse 16

Die Klasse 16 enthält im Wesentlichen Papier, Papierwaren und Büroartikel. In dieser Warenklasse gibt es bereits eine Vielzahl duftender Produkte. Bei Schreibwaren gibt es zum Beispiel beduftete Fasermaler, Filzschreiber, Radiergummis, Dufttinte, sowie Bleistifte und Buntstifte, die während des Gebrauchs oder beim Anspitzen duften.[302] Denkbar sind außerdem duftendes Briefpapier[303], duftende Mal-, Koch- oder Schulbücher, Glückwunschkarten und Geschenkpapier mit einer dem Anlass entsprechenden Duftnote, Visitenkarten mit der persönlichen (privaten oder berufsbezogenen) Note des Überreichenden, duftende Verpackungen, Werbeprospekte, -anzeigen und Werbebriefe (Direct Mails), duftende Maus-Pads[304], Briefmarken[305] und Mülltüten[306].

Bei der Wahl des Duftes für ein Produkt dieser Warenklasse ist darauf zu achten, dass sich der Duft noch nicht durchgesetzt hat. So sind beispielsweise fruchtige Duftnoten, wie ein Erdbeerduft, für Stifte bereits üblich. Außerdem sind Fruchtdüfte für diese Waren nicht empfehlenswert, weil es in der Vergangenheit bei Radiergummis in Fruchtform und mit entsprechender Parfümierung zu Unfällen kam: Kinder hielten die wie Früchte aussehenden und auch so riechenden Radiergummis für essbar und verzehrten sie. Im Übrigen bestehen für Geruchsmarken in dieser Warenklasse keine rechtlichen Bedenken.

---

302 Knoblich/ Scharf/ Schubert S. 75.
303 Fezer § 3 MarkenG Rn 610.
304 Fezer § 3 MarkenG Rn 610.
305 H&R, Inspire 2002, Heft 1, S. 25.
306 Hawes, Vol. 79 TMR, 136.

3.10 Geruchsmarke für Waren der Klasse 18

Die Klasse 18 enthält im Wesentlichen Leder, Lederimitationen, Reisebedarfsartikel, soweit sie nicht in anderen Klassen enthalten sind, sowie Sattlerwaren.

3.10.1 Konkrete Unterscheidungskraft, beschreibende Angaben und Selbständigkeit, Art. 7 Abs. 1 lit. b, c), e) GMV

Praxis ist es, beim Gerben bestimmter Ledersorten darauf zu achten, dass stets ein besonderer als typisch angesehener Geruch entsteht.[307] Dieser Duft ist für Echtleder jedoch sowohl üblich als auch beschreibend und daher nicht schutzfähig. Darüber hinaus ist auch die Selbständigkeit eines derartigen Duftes für Echtlederprodukte nicht gewahrt.

3.10.2 Täuschungseignung der Marke, Art. 7 Abs. 1 lit. g) GMV

Außerdem ist zu beachten, dass eine nach echtem Leder duftende Lederimitation geeignet ist, das Publikum über die Beschaffenheit der Ware, nämlich dass es sich bei dem Produkt um ein echtledernes handelt anstelle einer Lederimitation, zu täuschen.

3.10.3 Zwischenergebnis: Geruchsmarke für Waren der Klasse 18

Der typische Ledergeruch ist sowohl für Echtlederprodukte als auch für Lederimitationen nicht schutzfähig. Andere Düfte als der typische Ledergeruch eignen sich aber für diese Warenklasse als Geruchsmarke. Eintragungshindernisse sind nicht ersichtlich.

3.11 Geruchsmarke für Waren der Klasse 25

Die Klasse 25 enthält Bekleidungsstücke, Schuhwaren und Kopfbedeckungen.

Durch die Technik der Mikroverkapselung ist die Beduftung von Produkten dieser Warenklasse möglich. Allerdings dürfte der Duft nicht in Bedeutungszusammenhang mit der Art der Kleidung stehen oder üblich geworden sein.[308] Üblich könnte der Geruch der typischerweise neuen Textilien anhaften sein.[309] Demgegenüber wäre beispielsweise ein bestimmter rauchiger Duft für bestimmte Jeans unterscheidungskräftig.[310]

---

307 Fritz S. 281.
308 Grabrucker in Schönberger/ Stilcken S. 186.
309 So Sessinghaus S. 87.
310 So Sessinghaus S. 87.

Es gibt in dieser Warenklasse bereits Unternehmen, die Gerüche zur Produktunterscheidung und Unternehmenskennzeichnung einsetzen. So versieht beispielsweise das US-amerikanische Unternehmen Viktoria's Secret seine Produkte im Bereich Dessous/ Unterwäsche mit einem „sweet potpurri scent". Ebenso begannen seit dem Frühjahr 1999 drei südkoreanische Textilhersteller Anzüge zu verkaufen, die Mikrokapseln enthalten.[311] Im Normalzustand sind die Kapseln zu 20 % geöffnet; schüttelt man den Anzug, so erweitert sich die Kapselöffnung auf 70 % und ein Geruch wird verströmt. Der jeweilige Geruch, der verströmt wird, ist nicht technisch bedingt, sondern frei wählbar. Dadurch wäre er dem Markenschutz grundsätzlich zugänglich.

3.12 Geruchsmarke für Waren der Klasse 26

Die Klasse 26 enthält im Wesentlichen Kurzwaren, Posamenten und künstliche Blumen. Auch für diese Warenklasse sind Geruchsmarken grundsätzlich denkbar. Allerdings ist bei künstlichen Blumen darauf zu achten, dass sie dass Publikum nicht über die Art der Ware täuschen. Dies könnte bei künstlichen Blumen der Fall sein, die wie ihre echten Vorbilder duften.

3.13 Geruchsmarke für Waren der Klasse 28

Die Klasse 28 enthält Spiele, Spielzeug, Turn- und Sportartikel, soweit sie nicht in anderen Klassen enthalten sind, und Christbaumschmuck. In dieser Warenklasse existieren bereits einige beduftete Produkte. Zum Beispiel gibt es beduftete Teddybären, die gegen Schnupfen helfen sollen.[312] Nach Pfefferminz und Eukalyptus duftend sollen sie erkälteten Kindern das Atmen erleichtern. Dafür wird das Fell der Duftbären mit Cyclodextrin behandelt. Cyclodextrin-Moleküle lassen sich dauerhaft auf Textilien verankern. Die Moleküle sind hohl und können Parfums oder ätherische Öle aufnehmen und über lange Zeit speichern. Beim Drücken des Teddybären werden die Duftstoffe dann nach und nach freigesetzt.

Denkbar ist auch die Beduftung von anderem Spielzeug[313], Sportartikeln[314] und Christbaumschmuck. Allerdings existieren bei Christbaumschmuck bereits eine Reihe von weihnachtstypischen Gerüchen, wie der Duft nach Zimt oder Tannennadeln, deren Eintragungsfähigkeit zu verneinen ist.

---

311 Knoblich/ Scharf/ Schubert, 127.
312 H&R, Inspire 2002, Heft 1, S. 6.
313 Laut Hawes, Vol. 79 TMR, 136 gibt es z.B. Spielsoldaten, denen ein Kanonenpulvergeruch zugefügt wurde. Für diesen Duft besteht allerdings ein Freihaltebedürfnis.
314 Geruchsmarke existiert bereits für Tennisbälle: HABM (2. Beschwerdekammer), WRP 1999, 681 – The smell of fresh cut grass.

3.14 Geruchsmarke für Waren der Klassen 29, 30, 32 und 33

Die Warenklassen 29, 30, 32 und 33 umfassen vorwiegend Nahrungsmittel und Getränke. Bei der Prüfung, ob Geruchsmarken für diese Warenklassen eintragungsfähig sind, oder ob ein Freihaltebedürfnis gemäß Art. 7 GMV besteht, ist zwischen Gerüchen zu unterscheiden, die dem Produkt natürlicherweise innewohnen (sog. natürliche Gerüche), und solchen, die unabhängig von dem Produkt sind.

3.14.1 Natürliche Gerüche

Natürliche Gerüche sind die Düfte, die ein Nahrungsmittel oder ein Getränk von Natur aus abgibt.

3.14.1.1 Konkrete Unterscheidungskraft, Art. 7 Abs. 1 lit. b) GMV

Da die Gerüche, die den Nahrungsmitteln und Getränken natürlicherweise innewohnen, für diese Produkte üblich sind, fehlt es ihnen an der konkreten Unterscheidungskraft. Die Verbraucher messen diesen Gerüchen keine herkunftshinweisende Funktion zu. Ihre Eintragungsfähigkeit scheitert daher an Art. 7 Abs. 1 lit.b) GMV.

3.14.1.2 Beschreibende Angaben, Art. 7 Abs. 1 lit. c) GMV

Anhand des Geruchs kann (neben der optischen Wahrnehmung) festgestellt werden, um was für ein Nahrungsmittel bzw. Getränk es sich handelt, wohingegen der Geschmack des Nahrungsmittels das Produkt selbst ausmacht.[315] Daher stellt der Geruch eines Nahrungsmittels oder Getränkes ein beschreibendes Geruchszeichen dar und ist auch gemäß Art. 7 Abs. 1 lit. c) GMV von der Eintragung ausgeschlossen.

3.14.1.3 Selbständigkeit, Art. 7 Abs. 1 lit. e) GMV

Fraglich ist, ob der Geruch eines Nahrungsmittels oder Getränkes gegenüber dem Nahrungsmittel bzw. Getränk selbst selbständig ist. Es ist festgestellt worden, dass sich der Geschmack bzw. Oralsinn immer aus dem Geschmack im anatomistischen, physiologischen Sinne und dem Geruch zusammensetzt. Ein Aroma entfaltet sich also erst durch das Zusammenwirken von Geruch und Geschmack im engeren Sinn während der Nahrungsaufnahme. Demzufolge ist der Geruch eines Nahrungsmittels bzw. Getränkes im Verhältnis zu der Speise bzw. dem Getränk selbst nicht nur beschreibend, sondern leistet auch einen wesent-

---

315 So Hawes, Vol. 79 TMR, 151.

lichen Beitrag zu deren Geschmack (im weiteren Sinne). Er ist insofern als nicht von dem Nahrungsmittel bzw. Getränk unterscheidbar anzusehen. Mit anderen Worten ausgedrückt, fehlt dem Geruch eines Nahrungsmittels oder Getränkes auch die Selbständigkeit gegenüber der Speise bzw. des Getränkes. Eine Eintragung scheitert daher an Art. 7 Abs. 1 lit. e) GMV.

3.14.2 Produktunabhängige Gerüche

Produktunabhängige Gerüche sind Gerüche, die dem Nahrungsmittel oder Getränk künstlich hinzugefügt werden, also nicht von diesen Produkten von Natur aus abgegeben werden. Bei den produktunabhängigen Gerüchen ist zwischen denen zu unterscheiden, die dem natürlichen Duft des Produkts entsprechen und solchen, die mit dem Produkt in keinem Verhältnis stehen.

Für den Einsatz in Lebensmitteln und Getränken werden in Deutschland neben natürlichen auch naturidentische Stoffe verwendet. Letztere sind synthetische Substanzen, die ihrem natürlichen Vorbild sowohl hinsichtlich der chemischen Struktur als auch der geruchlichen und geschmacklichen Eigenschaften vollkommen entsprechen.[316] Die Welt der Düfte und Aromen wäre arm ohne die Leistung der Chemiker, die seit der Mitte des 19. Jahrhunderts begannen, unter wissenschaftlichen Bedingungen natürliche Düfte und Aromen zu analysieren und deren Inhaltsstoffe chemisch rein herzustellen. Und nicht nur das: Es gelang ihnen auch, die entsprechenden Duftstoffe aus artfremdem Ausgangsmaterial zu gewinnen und darüber hinaus ganz neue, in der Natur nicht vorkommende aufzubauen. Waren vor einem Jahrhundert erst an die 150 Duft- und Geschmacksstoffe bekannt, sind es heute über 4000.[317] Der feine Duft von Erdbeeren in Erdbeerjogurt hat daher mit leibhaftigen Erdbeeren oftmals ebenso wenig zu tun wie grüne Kinderbrause mit Waldmeister. Beider Duft- bzw. Geschmacksstoff wird nicht aus den jeweiligen Pflanzen gewonnen. Es sind Nachstellungen, so genannte Kompositionen aus natürlichen und synthetischen Stoffen. Gleichwohl geben sie den Duft- bzw. Geschmackseindruck ihrer natürlichen Vorbilder so vollkommen wieder, dass er von diesen nicht zu unterscheiden ist.

3.14.2.1 Konkrete Unterscheidungskraft, Art. 7 Abs. 1 lit. b) GMV

Bei Gerüchen, die zwar künstlich den Produkten zugefügt werden, aber den natürlichen Gerüchen dieser Produkte entsprechen, handelt es sich dennoch um die typischen Gerüche für diese Produkte. Der Verbraucher bemerkt den Unterschied zwischen einem natürlichen und einem synthetisch hergestellten Duft, der dem natürlichen entspricht, in der Regel nicht. Daher ergibt sich für die konkrete

---

316 Das H&R Buch S. 113.
317 Das H&R Buch S. 110.

Unterscheidungskraft für diese Gerüche keine andere Beurteilung als für die natürlichen Gerüche. Die konkrete Unterscheidungskraft ist nicht gegeben.

Anders könnte dies bei Gerüchen zu beurteilen sein, die sich von denen des Produktes gänzlich unterscheiden. Hier haben sich bisher keine speziellen Gerüche für bestimmte Produkte durchgesetzt. Folglich könnten Nahrungsmittel oder Getränke mit einem produktunabhängigen Geruch, der nicht dem des Produktes entspricht, besonderes Aufsehen erregen und dementsprechende Beachtung finden. Der Verbraucher würde dadurch eine engere Verknüpfung des bestimmten Produktes zum Hersteller ziehen und bei wiederholter Erfahrung den Geruch als Herkunftshinweis verstehen.

Zu denken wäre hier etwa an neue Duftkreationen, die einem Produkt oder dessen Verpackung hinzugefügt werden. Einer Limonade könnte beispielsweise ein Duft zugefügt werden, der von dem Geschmack der Limonade gänzlich unabhängig ist. Oder Kartoffelchips könnten zum Beispiel ein spezieller rauchiger Duft hinzugefügt werden, der mit dem Produkt in keinem Verhältnis steht.[318] Die konkrete Unterscheidungskraft könnte nicht verneint werden.

Darüber hinaus könnten existierende Gerüche artfremd mit dem Produkt oder seiner Verpackung verbunden werden und damit konkret unterscheidungskräftig sein. Denkbar ist hier zum Beispiel ein „Biergeruch" für bestimmte Lebensmittel, jedoch nicht für Getränke wie Bier, sondern beispielsweise für Käse oder Wurst, solange es keinen Käse oder keine Wurst mit Biergeschmack gäbe.[319] Allerdings müsste der Biergeruch so genau wie möglich eingegrenzt werden. Weißbier riecht nämlich deutlich anders als beispielsweise britisches „Ale".

3.14.2.2 Beschreibende Angaben, Art. 7 Abs. 1 lit. c) GMV

Gerüche, die zwar produktunabhängig sind, aber den natürlichen entsprechen, sind beschreibend und daher von der Eintragung gemäß Art. 7 Abs. 1 lit. c) GMV ausgeschlossen.

Demgegenüber sind Gerüche, die in keinem Zusammenhang mit dem jeweiligen Produkt stehen, auch nicht beschreibend und folglich eintragungsfähig.

3.14.2.3 Selbständigkeit, Art. 7 Abs. 1 lit. e) GMV

Produktunabhängigen Gerüchen kann die Selbständigkeit nicht abgesprochen werden.

---

318 Vgl. dazu auch Hawes, Vol. 79 TMR, 136.
319 So Grabrucker in Schönberger/ Stilcken S. 186.

3.14.2.4 Täuschungseignung der Marke, Art. 7 Abs. 1 lit. g) GMV

Fraglich ist, ob produktunabhängige Gerüche geeignet sind, das Publikum über die Beschaffenheit der Ware zu täuschen und damit gegen Art. 7 Abs.1 lit. g) GMV zu verstoßen. Gerüche, die dem natürlichen Duft der Ware entsprechen, könnten den Verbraucher über die tatsächlichen Bestandteile der Ware täuschen. Daher ist ein naturidentisches Geruchszeichen geeignet, gegen Art. 7 Abs. 1 lit. g) GMV zu verstoßen.

Demgegenüber kommt es bei den sich gänzlich von der Ware unterscheidenden Düften ganz besonders auf den Einzelfall an. Hier sind Gerüche denkbar, die zur Täuschung über die Beschaffenheit geeignet sind und andere, die unbedenklich sind.

3.14.3 Zwischenergebnis: Geruchsmarke für Waren der Klassen 29, 30, 32 und 33

Geruchsmarken sind für Nahrungsmittel und Getränke, die diese Gerüche natürlicherweise abgeben, nicht unterscheidungskräftig, beschreibend und nicht selbständig und daher von der Eintragung gemäß Art. 7 Abs. 1 GMV ausgeschlossen.

Bei den produktunabhängigen Gerüchen ist zwischen naturidentischen und gänzlich von den Produkten unabhängigen zu unterscheiden. Erstgenannte sind von der Eintragung ausgeschlossen, da sie von den natürlichen Gerüchen in der Regel nicht zu unterscheiden sind. Ihnen fehlt daher, wie den natürlichen Gerüchen, die konkrete Unterscheidungskraft und sie sind beschreibend. Demgegenüber sind sich gänzlich von dem Produkt unterscheidende Gerüche eintragungsfähig und auch besonders als Geruchsmarken für Nahrungsmittel und Getränke geeignet, solange sie nicht über die Beschaffenheit der Ware täuschen.

3.15 Geruchsmarke für Waren der Klasse 31

Die Klasse 31 enthält im Wesentlichen die nicht für den Verzehr zubereiteten Bodenprodukte, lebende Tiere und Pflanzen sowie Tiernahrungsmittel. Auch für Produkte aus dieser Warenklasse kommen produkttypische Düfte ebenso wenig in Frage wie produktbeschreibende. Darüber hinaus ist kein Duft eintragungsfähig, der für das Produkt wesensbestimmend ist. Dies wäre bei einem Duft bei lebenden Pflanzen und Blumen der Fall, der deren natürlichem Duft entspricht.[320] Die Selbständigkeit fehlt beispielsweise, wenn zeichenrechtlicher Schutz für den Tannennadelduft für das Produkt Christbaum oder für Rosenduft für Rosen begehrt wird.[321]

---

320 Grabrucker in Schönberger/ Stilcken S. 186; Viefhues, MarkenR 1999, 251.
321 Vgl. Sessinghaus S. 20.

3.16 Geruchsmarke für Waren der Klasse 34

Die Klasse 34 enthält Tabak, Raucherartikel und Streichhölzer. Für diese Warenklasse sind wiederum nur Düfte denkbar, die nicht beschreibend und von der Ware selbständig sind. Eine Geruchsmarke „Marihuana" könnte für Hängematten oder Massagebürsten, oder ähnliche Körperentspannung fördernde Produkte möglich sein, nicht hingegen für die Verpackungen von Tabakwaren.[322]

3.17 Geruchsmarke für Dienstleistungen[323]

Fraglich ist, ob ein Duft auch für Dienstleistungen als Marke schutzfähig und geeignet ist. In Betracht kommt hier in erster Linie die Beduftung der Geschäftsräume von Unternehmen (zum Beispiel Banken, Reisebüros, Friseursalonketten, Hotelketten, Beförderungsunternehmen, Autoverleiher etc.). Sie könnten einen bestimmten „Hausduft" entwickeln, an dem das Untenehmen direkt erkannt werden kann. Bei der Wahl des jeweiligen Duftes ist allerdings darauf zu achten, ob ein Eintragungshindernis nach Art. 7 GMV einer Eintragung entgegensteht.

3.17.1 Konkrete Unterscheidungskraft, Art. 7 Abs. 1 lit. b) GMV

Fraglich ist, ob die olfaktorische Marke deshalb nicht konkret unterscheidungskräftig sein könnte, weil der Verkehr bei einer Raumbeduftung unter Umständen nicht an einen betrieblichen Herkunftshinweis denkt, sondern nur an einen in der angenehmen Parfümierung der Geschäftsräume bestehenden Service des Anbieters zur Steigerung des Wohlbefindens des Kunden.[324] Da aber wie bereits oben erörtert lediglich eine latente Herkunftsfunktion erforderlich ist,[325] kann vom Fehlen der markenrechtlichen Unterscheidungskraft nur dann ausgegangen werden, wenn aufgrund der Verkehrsübung oder des Publikumsverständnisses in Bezug auf die konkreten Dienstleistungen der Anmeldung davon auszugehen ist, dass dem Geruch im Verkehr eine Kennzeichnungsfunktion nicht zukommt. Maßgeblich ist wiederum, ob der als Marke gewählte Duft für die jeweilige Dienstleistung allgemein gebräuchlich und üblich ist.

Bei einem Reisebüro beispielsweise ist fraglich, ob bestimmte Düfte freihaltebedürftig sind und daher nicht schutzfähig. In einigen Reisebüros wird mittlerweile der Duft von Sonnencreme eingesetzt.[326] Dies ist bisher aber lediglich so vereinzelt der Fall, dass von einer Gebräuchlichkeit oder Üblichkeit

---

322 So auch Sessinghaus S. 107.
323 Dienstleistungsmarken umfassen die Klassen 35 bis 45. Da sich bei Geruchsmarken für Dienstleistungen in der Praxis vor allem die Beduftung der Geschäftsräume anbietet, können alle Klassen für Dienstleistungen hier zusammengefasst werden.
324 So BPatG, GRUR 2000, 1044 ff. – Riechmarke.
325 Siehe im ersten Teil unter 3.2.2.2 Latente Herkunftsfunktion.
326 Schäfer, Spiegel Online, 01.10.2006.

dieses oder eines anderen Duftes für Reisebüros nicht die Rede sein kann. Zwar verbinden viele Leute mit Urlaub den Geruch von Sommer, Sonne und Strand und damit unter Umständen auch den Duft nach Sonnencreme, er ist aber eben bisher kein typischer Geruch für Reisebüros, sondern vielmehr – für den von Reisebüros unter Umständen vermittelten – Urlaub. Die konkrete Unterscheidungskraft ist daher bei dem Duft von Sonnencreme für Reisebüros gegeben.

Auch für Beförderungsunternehmen könnten sich Geruchsmarken anbieten. Zwar werden teilweise bereits in Flugzeugen, auf Flughäfen und in U-Bahnen Düfte eingesetzt.[327] Dabei werden die öffentlichen Düfte allerdings so niedrig dosiert, dass sie nur knapp über der Wahrnehmungsschwelle liegen. Zehn Moleküle müssen gleichzeitig auf die Riechrezeptoren in einer Sinneszelle treffen, damit diese einen Nervenimpuls auslöst. Wenn vierzig Zellen zugleich stimuliert werden, kann ein Mensch einen Geruch wahrnehmen. Zuordnen kann er ihn ab der zehnfachen Menge an Molekülen. Subtile Gerüche, die an das Unbewusste appellieren, scheitern aber bereits an der abstrakten Unterscheidungskraft nach Art. 7 Abs. 1 lit. a) GMV. Die bewusste Wahrnehmung eines Duftes ist für die Herkunftsfunktion unabdingbar. In derartiger Dosierung werden Düfte aber bisher nicht von Beförderungsunternehmen eingesetzt. Dabei bietet sich gerade die Beduftung der Passagierräume bei Beförderungsmitteln zur Ausübung der Herkunftsfunktion an. Wäre beispielsweise der Passagierraum einer Fluglinie immer mit dem gleichen Duft versehen, würden die Passagiere bereits nach kurzer Zeit den Duft der Fluglinie zuordnen können. Es würde sich daher für die Fluglinien anbieten einen bestimmten Duft zu entwickeln, an dem sie von den Verbrauchern erkannt werden können.

3.17.2 Beschreibende Angaben, Art. 7 Abs. 1 lit. c) GMV

Fraglich ist, ob es Düfte gibt, die eine Dienstleistung beschreiben und daher gemäß Art. 7 Abs. 1 lit. c) GMV freihaltebedürftig sind. Würde beispielsweise ein Reisebüro den Duft nach Seeluft als Geruchsmarke benutzen wollen, wäre zu prüfen, ob der Duft nach Seeluft geeignet ist, ein Merkmal der von Reisebüros erbrachten Dienstleistung zu beschreiben. Die Dienstleistung eines Reisebüros liegt in der Vermittlung und Planung von Reisen. Diese führen den Buchenden unter Umständen auch ans Meer. Allerdings besteht die Dienstleistung eines Reisebüros in der Organisation der Reise und hat mit dem Reiseziel und den dortigen Düften daher nur mittelbar etwas zu tun. Der Duft nach Seeluft ist daher für die zu erbringenden Dienstleistungen von Reisebüros kein beschreibendes Merkmal und folglich ist dieser Duft für Reisebüros nicht nach Art. 7 Abs. 1 lit. c) GMV freihaltebedürftig.

Demgegenüber sind Gerüche denkbar, die ein Merkmal einer Dienstleistung beschreiben können. Beispielsweise sondert frisch zersägtes Holz einen

---

327 Schäfer, Spiegel Online, 01.10.2006.

bestimmten Geruch ab, der daher für die Dienstleistung eines Tischlers beschreibend wäre. Ebenso verhält es sich für den Geruch frischer Farbe für Malerarbeiten. Gerüche, die daher unmittelbar mit der Dienstleistung in Verbindung stehen, also zum Beispiel während der Dienstleistung zwangsläufig entstehen, sind daher immer beschreibend und folglich für diese Dienstleistungen nicht eintragungsfähig gemäß Art. 7 Abs. 1 lit. c) GMV.

3.17.3 Selbständigkeit, Art. 7 Abs. 1 lit. e) GMV

Grundsätzlich sind Geruchszeichen mit der Dienstleistung, die sie kennzeichnen sollen, weder identisch noch ein funktionell notwendiger Bestandteil derselben. Fraglich ist aber, ob auch dann kein Freihaltebedürfnis besteht, wenn mit dem Duft ein bestimmter Zweck verfolgt wird. Es gibt Düfte, die geeignet sind ihre Empfänger (auch unbewusst) zu beeinflussen. Ist beispielsweise ein beim Zahnarzt oder im Flugzeug versprühter Duft geeignet, beruhigend auf die Klientel einzuwirken, könnte für die Mitbewerber ein Freihaltebedürfnis bestehen.[328] Genauso könnte es sich mit Düften verhalten, die die Kauflust der Empfänger beeinflussen können und daher in Kaufhäusern versprüht werden, oder solchen, die die Konzentration anregen.[329] Auch wenn es nur eine begrenzte Anzahl von Düften gibt, die geeignet sind, ihre Empfänger gezielt im Rahmen einer bestimmten Dienstleistung zu beeinflussen und eine Monopolisierung daher nicht wünschenswert ist, ist der Duft weder mit der Dienstleistung identisch noch ein notwendiger Bestandteil derselben. Die Beduftung dient in diesen Fällen mehr dem Dienstleister als den Diensten. Eine Monopolisierung derartiger Düfte könnte dann lediglich an Art. 7 Abs. 1 lit. b) GMV scheitern, weil sie um ihre Wirkung bekannt sind und sich durchgesetzt haben.

3.17.4 Zwischenergebnis: Geruchsmarke für Dienstleistungen

Für Dienstleistungen haben sich bisher keine speziellen Düfte durchgesetzt. Typische Gerüche für bestimmte Dienstleistungen gibt es bisher nicht. Die konkrete Unterscheidungskraft ist folglich in der Regel gegeben. Beschreibend sind Gerüche für Dienstleistungen lediglich dann, wenn sie im Rahmen der Erbringung der Dienstleistung selbst entstehen. In Geschäftsräumen werden heute bereits vermehrt Düfte eingesetzt. Insbesondere in den USA versprühen bestimmte Geschäfte (zum Beispiel „Victoria's Secret") oder Malls bereits spezielle Düfte im Eingangsbereich. Rechtliche Bedenken bestehen für diese Düfte auch nach dem Gemeinschaftsmarkenrecht in der Regel nicht.

Den Geruchsmarken für Dienstleistungen stehen die Türen weit offen. Es bietet sich daher für eine Vielzahl von Dienstleistungsunternehmen an, einen

---

328 So auch Grabrucker in Schönberger/ Stilcken S. 186.
329 Schäfer, Spiegel Online, 01.10.2006.

bestimmten „Hausduft" zu entwickeln, um ihre Dienstleistungen zu kennzeichnen. Hier kommen neben Eigenkompositionen von Düften als Dienstleistungsmarken auch Gerüche in Frage, die mittelbar mit der Dienstleistung in Verbindung stehen.

4 Duftdesign

Der Erfolg einer Marke hängt maßgeblich von ihrem Design ab. Bei Geruchsmarken ist für ihren Erfolg demnach entscheidend, dass der Duft geeignet ist sich von anderen Düften zu unterscheiden und bei dem Kunden die mit dem Produkt in Verbindung stehenden Emotionen zu wecken. Dabei muss beim gezielten Einsatz von Gerüchen jedoch immer bedacht werden, dass Personen eventuell negative Erfahrungen mit einem bestimmten Geruch verbinden. Oft ist es diesen Personen auch gar nicht bewusst, dass ein Geruch bei ihnen eine bestimmte Erinnerung hervorruft. Daher kann auch durch gezielte Umfrage vor dem Einsatz von Gerüchen nicht immer verhindert werden, dass negative Erinnerungen hervorgerufen werden.

4.1 Luxusgüter

Luxusgüter stellen bestimmte Statussymbole dar und sollten dementsprechend präsentiert werden. Demzufolge sind edle Düfte wie Jasmin jenen Duftnoten, die zum Beispiel eine bestimmte Sauberkeit vortäuschen (wie Zitrusduft), vorzuziehen. Luxusgüter werden meistens mit bestimmten Hintergedanken gekauft. Sei es zum Zweck den Stellenwert bei Bekannten zu erhöhen oder der Gedanke der Lust und Liebe. Bei der Auswahl eines geeigneten Duftes sollte darauf geachtet werden, dass dem Kunden solche Emotionen vermittelt werden. Deshalb bieten sich für Luxusgüter zum Beispiel Düfte an, die beim Kunden eine leicht aphrodisierende Wirkung zeigen.

4.2 Schulungsräume und Büros

In Schulungsräumen und Büros könnten Düfte dafür eingesetzt werden, dass sich die in diesen Räumen befindlichen Personen wohl fühlen. Außerdem wäre eine beruhigende Brise sinnvoll sowie ein Duft, der bei Müdigkeit und Abgespanntheit, die Konzentration gezielt fördert. Frische, zitrusartige oder auch blumige Düfte wären demnach gut geeignet.

4.3 Dienstleistungen

Bei der Wahl eines Duftes für die Beduftung von Geschäftsräumen ist maßgeblich, dass sich der Kunde wohl fühlt. Düfte sind geeignet das Vertrauen zu fördern. So kann ein Versicherungsvertreter mit einer Brise Vanille die Schranken, die zwischen ihm und dem Kunden bestehen, viel eher brechen. Reisebüros können ihren Kunden mit Duft eine etwas ausgefallenere Reise viel besser schmackhaft machen als ohne Duft. Dabei ist eine vertraute Atmosphäre ebenso wichtig wie die Person, die den Kunden berät. Bei dem Duftdesign für Hotels und Restaurants ist besonders wichtig, dass jeder Gast sich auch als Gast fühlt. An erster Stelle muss daher das Wohlbefinden stehen. Wohlbefinden tritt ein, wenn ein Gast sich geborgen fühlt. Der Gast muss sich entspannen können und in eine Welt eintauchen, die ihm die Sorgen fernhält. Deshalb könnten Düfte für Hotels und Restaurant beispielsweise eine heimelige, dem Gast bekannte Note aufweisen, die zudem beruhigend wirken. Eine Brise Sauberkeit wäre auch sinnvoll, allerdings darf es dann wohl keinesfalls nach Putzmittel riechen, da nicht wenige Gäste mit Putzmitteldüften negative Erlebnisse haben. Erfolgreich könnte im Hotel- und Restaurantbetrieb daher eine Mischung aus Vanille (beruhigend), Orange oder Mandarine (lieblich-frisch) sein.

5 Zwischenergebnis: Einsatzmöglichkeiten von Geruchsmarken

Die Verbraucher sind an eine Vielfalt von Marken mit lediglich kleinen Unterschieden gewöhnt. Daher fallen ihnen oft auch nur geringe Abweichungen auf. Folglich ist mit neuen Markenformen leichter Aufsehen zu erregen. Sie eignen sich besonders für die Einführung neuer Marken, neuer Markenprofile und neuer Unternehmen. Aus der Lerntheorie ist bekannt, dass Information leichter und dauerhafter gespeichert wird, wenn sie mehrdimensional auftritt, also mehrere Sinnesorgane beschäftigt. Die Kombination von Sehen und Hören ist wirksamer als Sehen oder Hören, Bilder und Farben unterstützen Wortaussagen. Ein Slogan kann wie ein Ohrwurm sein und zu einem geflügelten Wort werden, das jeder gerne nachspricht und weitergibt.[330]

Der Geruchssinn eignet sich besonders das Aufsehen von Verbrauchern zu erregen, da er oft unterbewusst wirkt und das Gefühl anspricht. Dabei ist die technische Entwicklung im Bereich der Beduftung schon soweit vorangeschritten, dass sie der Beduftung von Waren oder Dienstleistungen nicht entgegensteht. Es muss jedoch immer der Einzelfall betrachtet werden. Waren und Dienstleistungen aus bestimmten Klassen der Klassifikation von Nizza eignen sich mehr als Waren oder Dienstleistungen anderer Klassen für Geruchsmarken.

---

330 Bugdahl, MarkenR 2001, 443.

Darüber hinaus ist wie beim Design eines Logos oder eines Namens das Duftdesign ausschlaggebend für den Erfolg einer Geruchsmarke.

Fazit

Der Markenbegriff ist infolge der Veränderungen der Waren und Dienstleistungen, des Markts und der Medien, der Werbung und der Präsentation, aber auch aufgrund neuer wissenschaftlicher Erkenntnisse und Entwicklungen dem Wandel unterworfen. Wie zu Beginn des Markenrechts nur eine Bildmarke als geschütztes Recht registrierbar war, und es einige Zeit gedauert hat, auch ein Wort als Marke anzuerkennen, so bedurfte es intensiven Umdenkens und einer Anpassung der gesetzlichen Grundlagen, um eine Aufmachung, eine dreidimensionale Form, eine Farbe und einen Klang als Zeichen anzuerkennen.

Die Verwendung von Farbe, Klang und Geruch zur Unterscheidung von Waren und Dienstleistungen passt in die heutige Welt fortschreitender Technologisierung. Es ist daher nicht verwunderlich, dass das Verlangen nach nicht traditionellen Markenformen ansteigt. Der Vorstellung möglicher Zeichenformen wird hierbei weniger durch die Markenfähigkeit, als durch die Realität und das Registerrecht Grenzen gesetzt.

Das Markenrecht befindet sich stets im Fluss und wird von den Anmeldern entscheidend mitbestimmt. Denn es ist insbesondere dem Engagement und der Fantasie der Anmelder zu verdanken, dass nach und nach neue Markenformen zugelassen werden. Es gilt ein weiter Markenbegriff, so dass die Beispielliste des Art. 4 GMV nicht abschließend ist und grundsätzlich auch visuell nicht wahrnehmbare Zeichen Marken sein können. Folglich gibt es keine Kategorie von Zeichen, die von vornherein ungeeignet wäre, Waren oder Dienstleistungen eines Unternehmens von denjenigen anderer Unternehmen zu unterscheiden.

Indem innovative Markenformen nicht nur Gesichtssinn und Gehörsinn, sondern auch andere Sinnesorgane (Geruchssinn, Geschmackssinn, Tastsinn) sowie ästhetische Wahrnehmungen ansprechen, besitzen sie im Vergleich zu den konventionellen Markenformen einen zusätzlichen kommunikativen Wert. Dank solcher Eigenschaften und origineller Gestaltung können neue Markenformen eine schnelle und haftende Wirkung auf die Konsumenten erzielen. Losgelöst von einer bestimmten Sprache sind solche Marken von Geburt her Kosmopoliten und haben besonders gute Überlebenschancen in der zur Globalisierung tendierenden Wirtschaftswelt. Dabei muss der Markt aufnehmen, dass die Verbraucher audiovisuell überreizt sind und gerade Gerüche im Marketing immer wichtiger werden, um die Aufmerksamkeit der Kunden zu erregen. Der Markt muss entsprechend darauf reagieren.

Wichtigste Hürde bei der Schutzfähigkeit einer Geruchsmarke ist regelmäßig die graphische Darstellbarkeit, welche für registrierte Marken Rechtssicherheit, Recherchierbarkeit und eine ordnungsgemäße Verwaltung garantieren soll. Diese Darstellung muss es ermöglichen Geruchsmarken mit Hilfe von Figuren, Linien oder Schriftzeichen sichtbar wiederzugeben, wobei die Darstellung klar, eindeutig, in sich abgeschlossen, leicht zugänglich, verständlich, dauerhaft und objektiv sein muss.[331] Dies ist bereits heute für eine Vielzahl von Gerüchen möglich und wird bei fortschreitender technischer Entwicklung voraussichtlich immer mehr Gerüche umfassen.

Bereits heute kann ein Duft uns die Marke eines Babypuders, einer Handcreme, einer Seife oder auch eines Kaugummis verraten. Studien haben gezeigt, dass die Mehrheit der Verbraucher sich genau an den Duft von verschiedenen Markenprodukten erinnern kann.[332] Die Verbraucher sind in der Lage Duftnoten zweifelsfrei zu differenzieren und sie bestimmten Waren oder Dienstleistungen zuzuordnen. Diese Fähigkeit müssen Unternehmen nutzen, um einen möglichst hohen Grad an Unverwechselbarkeit ihrer Waren und Dienstleistungen zu erlangen und sich damit einen Wettbewerbsvorteil zu verschaffen. Die Geruchsmarke eröffnet daher für Unternehmen neue Möglichkeiten, die ausgebaut und wirtschaftlich genutzt werden müssen. Rechtliche Hindernisse bestehen nicht.

---

331 EuGH, GRUR Int. 2003, 449 – Sieckmann.
332 Hawes, Vol. 79 TMR, 134, 136.

Literaturverzeichnis

Aron, Kurt: Freiheit der Markenformen. GRUR 1930, 1017 - 1023.

Balañá, Sergio: Urheberrechtsschutz für Parfüms. GRUR Int. 2005, 979 - 991.

Baumbach, Adolf/ Hefermehl, Wolfgang: Warenzeichenrecht und Internationales Wettbewerbs- und Zeichenrecht. Warenzeichengesetz, Pariser Verbandsübereinkunft, Madrider Herkunftsabkommen, Madrider Markenabkommen, Nizzaer Klassifikationsabkommen, zweiseitige Abkommen. 12. Auflage, München 1985.

Bender, Achim: Die grafische Darstellbarkeit bei neuen Markenformen. Von der papierenen Rolle zu digitaler Aufzeichnung. In Bomhard, Verma von/ Pagenberg, Jochen/ Schennen, Detlef (Hrsg.): Harmonisierungsamt des Markenrechts. Festschrift für Alexander von Mühlendahl zum 65. Geburtstag am 20. Oktober 2005. Köln, Berlin, München 2005.

Bender, Achim: In Ekey, Friedrich/ Klippel, Diethelm (Hrsg.): Heidelberger Kommentar zum Markenrecht (HK-Markenrecht). MarkenG, GMV und Markenrecht ausgewählter ausländischer Staaten. Heidelberg 2003.

Bender, Achim: Die Gemeinschaftsmarke. Neueste Entwicklungen in der Rechtsprechung und Praxis. MarkenR 2002, 37 - 48.

Bender, Achim: Das Baby wird trocken! Die Gemeinschaftsmarke zwischen Reform und Rechtsprechung. Teil 2 – Die absoluten Schutzversagungsgründe. MarkenR 2004, 169 - 177.

Brockhaus: Enzyklopädie in 30 Bänden. Band 5, 10 und 16. 21. Auflage, Leipzig, Mannheim 2006.

Bugdahl, Volker: Markenstrategien – Versuch einer Strukturierung. MarkenR 2001, 441 - 447.

Das H&R Buch: Parfum, Aspekte des Duftes. Geschichte, Herkunft, Entwicklung. Lexikon der Duftbaustein. „Duft und Geschmack: Erfindungen und Entwicklungen". Hamburg 1991.

Eisenführ, Günther/ Schennen, Detlef: Gemeinschaftsmarkenverordnung. Kommentar. 2. Auflage, Köln, Berlin, Bonn, München 2007.

Fezer, Karl-Heinz:Markenrecht. Kommentar zum Markengesetz, zur Pariser Verbandsübereinkunft und zum Madrider Markenabkommen. Dokumentation des nationalen, europäischen und internationalen Kennzeichenrechts. 4. Auflage, München 2009.

Fezer, Karl-Heinz:Die grafische Darstellbarkeit eines Markenformats. Einfarbenmarke und Mehrfarbenmarke als variable Marken in der Rechtsprechung des EuGH. In Bomhard, Verma von/ Pagenberg, Jochen/ Schennen, Detlef (Hrsg.). Harmonisierungsamt des Markenrechts. Festschrift für Alexander von Mühlendahl zum 65. Geburtstag am 20. Oktober 2005. Köln, Berlin, München 2005.

Fezer, Karl-Heinz:Olfaktorische, gustatorische und haptische Marken. Marken-Orchideen als innovative Wirtschaftsgüter. WRP 1999, 575-579.

Fezer, Karl-Heinz: Was macht ein Zeichen zur Marke? Die latente Herkunftsfunktion als rechtliche Voraussetzung der Eintragungsfähigkeit einer Marke (§ 8 Abs. 2 Nr. 1 bis 3 MarkenG, Art. 3 Abs. 1 b bis d MarkenRL, Art. 7 Abs. 1 lit b bis d GMV). WRP 2000, 1 - 8.

Fezer, Karl-Heinz: Entwicklungslinien und Prinzipien des Markenrechts in Europa. Auf dem Weg zur Marke als einem immateralgüterrechtlichen Kommunikationszeichen. GRUR 2003, 457 - 469.

Fezer, Karl-Heinz:Eine Theorie der variablen Marke. GRUR 2005, 102 - 108.

Fritz, Claus-Peter:Gegenwart und Zukunft von Markenformen unter besonderer Berücksichtigung akustischer Zeichen. Registrierbarkeit von Markenformen im deutschen, europäischen und internationalen Recht. Tübingen 1992.

Grabrucker, Marianne: Neues Markengesetz – neue Markenformen – neues Markendesign. In Schönberger, Angela/ Stilcken, Rudolf (Hrsg.): Faszination Marke. Neue Herausforderungen an Markengestaltung und Markenpflege im digitalen Zeitalter. Neuwied, Kriftel 2001.

Grabrucker, Marianne: Neue Markenformen. MarkenR 2001, 95 - 105.

Grabrucker, Marianne: Aus der Rechtsprechung des Bundespatentgerichts im Jahre 2000. Markenrecht, neue Markenformen, absolute Schutzfähigkeit. GRUR 2001, 373 - 389.

Griss, Irmgard: Absolute Eintragungshindernisse – Allgemeine Kriterien. MarkenR 2001, 425 - 430.

Gschwind, Jürgen: Repräsentation von Düften. Augsburg 1998.

Guth, Walter: Das Urteil des EuGH zur Riechmarke – Anmerkungen und Folgerungen. Mitteilungen der deutschen Patentanwälte (MittdtschPatAnw) 2003, 97 - 100.

Hacker, Franz: Eintragungsvoraussetzungen und Schutzumfang von nichtkonventionellen Marken. GRUR Int. 2004, 215 - 227.

Harper, Roland/ Bate Smith, Edgar Charles/ Land, Derek Gordon: Odour Description and Odour Classification: a multidisciplinary examination. London 1968.

Hattenhauer, Hans: Zur Geschichte der deutschen Rechts- und Gesetzessprache. Göttingen 1987.

Hildebrandt, Ulrich: Zum Begriff der grafischen Darstellbarkeit des Art. 2 Markenrechtsrichtlinie. Anmerkung zu den Schlussanträgen zur Riechmarken-Vorlage des BPatG. MarkenR 2002, 1 - 5.

Hölk, Astrid: Riechmarke: Absolutes Eintragungshindernis mangels grafischer Darstellung. Anmerkung zu EuG, 3. Kammer, Urteil vom 27.10.2005 – T-305/04. jurisPR-WettbR 7/2006 Anm. 2.

H&R: Mit Sinn und Verstand. Informationen zu Duftstoffen. Informationsbroschüre der Haarmann & Reimer GmbH. Holzminden.

H&R: Inspire. Die Welt des Duftes und des Geschmacks. Das H&R Magazin. Heft 1. April 2002.

Ingerl, Reinhard/ Rohnke, Christian: Markengesetz. Gesetz über den Schutz von Marken und sonstigen Kennzeichen. 2. Auflage, München 2003.

Jellinek, J. Stephan: Parfümieren von Produkten. Wirtschaftliche, technische und Marketing-Aspekte. Heidelberg 1976.

Jellinek, J. Stephan: Gerüche und Parfums als Zeichensystem. dragoco report 1991, 10 - 21.

Kischkel, Eva: „Der Schnüffeltest". Geruch, olfaktorisch evozierte Potentiale und Craving. Eine Studie zur Cue Reactivity bei Alkoholismus. Tübingen 2001.

Klaka, Rainer/ Schulz, Andreas: Die europäische Gemeinschaftsmarke. Überblick für die Praxis. Bonn 1996.

Knaak, Roland: Grundzüge des Gemeinschaftsmarkenrechts und Unterschiede zum nationalen Markenrecht. GRUR Int. 2001, 665 - 673.

Knoblich, Hans/ Scharf, Andreas/ Schubert, Bernd: Marketing mit Duft. 4. Auflage, München, Wien 2003.

Knoblich, Hans: Markengestaltung mit Duftstoffen. In Bruhn, Manfred (Hrsg.) Handbuch Markenartikel: Anforderungen an die Markenpolitik aus Sicht von Wissenschaft und Praxis. Band II: Markentechnik, Markenintegration, Markenkontrolle. Stuttgart 1994.

Köbler, Gerhard: Juristisches Wörterbuch. Für Studium und Ausbildung. 14. Auflage, München 2007.

Kunz-Hallstein, Hans Peter: Europäisierung und Modernisierung des deutschen Warenzeichenrechts. Fragen einer Anpassung des deutschen Markenrechts an die EG Markenrichtlinie. GRUR Int. 1990, 747 - 759.

Kur, Anette: Was macht ein Zeichen zur Marke? MarkenR 2000, 1 - 6.

Kur, Anette: Alles oder Nichts im Formmarkenschutz? GRUR Int. 2004, 755 ff..

Kutscha, Christiane: Die Geruchsmarke. Registrierfähigkeit eines Geruchs als europäische Gemeinschaftsmarke und als nationale deutsche Handelsmarke. Hamburg 2005.

Launert, Edmund: Parfümierung von Papier- und Zellstoffprodukten. drom 1992, 19 - 33.

Meister, Herbert E.: Markenfähigkeit und per se-Ausnahmen im Gemeinschaftsmarkenrecht. WRP 2000, 967 - 976.

Meyers Großes Taschenlexikon: In 26 Bänden. Band 8. 9. Auflage, Mannheim 2003.

Mühlendahl, Alexander von/ Ohlgart, Dietrich: Die Gemeinschaftsmarke. München 1998.

Novak, Joachim: Die Darstellung von besonderen Markenformen. Hörmarke – Geruchsmarke – Bewegungsmarke. Bern 2007.

Richarz, Hans-Robert: Rollende Duftmarke. Außer französischem Charme versprüht der neue Citroën C4 auf Knopfdruck sogar Parfum. Stern, Heft 2, 05.01.2005, S. 183.

Rohnke, Christian: Hilfe für das Bundespatentgericht vom EuGH? – Anmerkungen zu zwei Vorabentscheidungsersuchen des Bundespatentgerichts – MarkenR 2001, 12 - 14.

Römpp-Lexikon Chemie: Falbe, Jürgen/ Regitz, Manfred (Hrsg.): Band 2 und 3. 10. Auflage, Stuttgart, New York 1997.

Schäfer, Susanne: Geruchs-Design. Unbemerkt mit Düften verführt. Spiegel Online, 01.10.2006. www.spiegel.de.

Schubert, Bernd/ Hehn, Patrick: Markengestaltung mit Duft. In Bruhn, Manfred (Hrsg.): Handbuch Markenführung. Kompendium zum erfolgreichen Markenmanagement. Strategien, Instrumente, Erfahrungen. Band 2. 2. Auflage, Wiesbaden 2004.

Schultz, Detlef von (Hrsg.): Kommentar zum Markenrecht. 2. Auflage, Frankfurt am Main 2007.

Sessinghaus, Karel: Geruchs- und Geschmacksmarken – Innovationen im Markenrecht. Bielfeld 2004.

Sessinghaus, Karel: „Sieckmann" – konsequent und Konsequenzen. WRP 2003, 478 - 481.

Sessinghaus, Karel: Die graphische Darstellbarkeit von Geruchsmarken vor dem Hintergrund des deutschen Markenrechts. WRP 2002, 650 - 664.

Sieckmann, Ralf: Die Eintragungspraxis und -möglichkeiten von nichttraditionellen Marken innerhalb und außerhalb der EU. MarkenR 2001, 236 - 248.

Sieckmann, Ralf: Zum Begriff der grafischen Darstellbarkeit von Marken. Eine Ergänzung zu Hildebrandt (MarkenR 2002, 1). WRP 2002, 491 - 496.

Ströbele, Paul: Die Eintragungsfähigkeit neuer Markenformen. GRUR 1999, 1041 - 1050.

Ströbele, Paul: Absolute Eintragungshindernisse im Markenrecht. Gegenwärtige Probleme und künftige Entwicklungen. GRUR 2001, 658 - 667.

Ströbele, Paul/ Hacker, Franz: Markengesetz. 9. Auflage, Köln, Berlin, München 2009.

Tedesco, Hans: Ist eine Marke „verwechslungsfähig" oder „verwechselbar"? – eine Sprachglosse – MarkenR 2000, 354.

Tetzner, Heinrich: Neue Markenformen. GRUR 1951, 66 - 69.

Thilo, Alexandra: Neue Formen der Marke im Markenrecht und in der Gemeinschaftsmarkenverordnung. Konstanz 1998.

Vester, Frederic: Denken, Lernen, Vergessen: was geht in unserem Kopf vor, wie lernt das Gehirn und wann lässt es uns im Stich? München 2001.

Viefhues, Martin: Geruchsmarken als neue Markenformen. MarkenR 1999, 249 - 254.

Völker, Stefan/ Schuster, Silke: Gemeinschaftsmarken und absolute Eintragungshindernisse. Die Praxis des Harmonisierungsamtes für den Binnenmarkt zu Art. 7 GMV im Vergleich zur deutschen Praxis. MarkenR 1999, 369 - 376.

Welt Lexikon: Das große Welt Lexikon in 21 Bänden. Band 3. Berlin, Mannheim 2007.

Welt Lexikon: Das große Welt Lexikon in 21 Bänden. Band 12. Berlin, Mannheim 2008.

Ziegler, Erich: Die natürlichen und künstlichen Aromen. Heidelberg 1982.

Veröffentlichungen des Instituts für deutsches und europäisches
Wirtschafts-, Wettbewerbs- und Regulierungsrecht der Freien Universität Berlin

Herausgegeben von Franz Jürgen Säcker

Band 1 Franz Jürgen Säcker (Hrsg.): Deutsch-russisches Energie- und Bergrecht im Vergleich. Ergebnisse einer Arbeitstagung vom 31. März / 1. April 2006. 2007.

Band 2 Franz Jürgen Säcker / Walther Busse von Colbe (Hrsg.): Wettbewerbsfördernde Anreizregulierung. Zum Anreizregulierungsbericht der Bundesnetzagentur vom 30. Juni 2006. 2007.

Band 3 Dirk Zschenderlein: Die Gleichbehandlung der Aktionäre bei der Auskunftserteilung in der Aktiengesellschaft. Zum Problem der Zulässigkeit der Weitergabe von Informationen an einzelne Aktionäre und Dritte. 2007.

Band 4 Simone Kirchhain: Die Anwendung der Vertikal-GVO auf innerstaatliche Wettbewerbsbeschränkungen nach der 7. GWB-Novelle. 2007.

Band 5 Franz Jürgen Säcker: Der Independent System Operator. Ein neues institutionelles Design für Netzbetreiber? 2007.

Band 6 Stefanie Otto: Allgemeininteressen im neuen UWG. § 1 S. 2 UWG und die wettbewerbsfunktionale Auslegung. 2007.

Band 7 Jochen Eichler: Vertragliche Dritthaftung. Eine Auseinandersetzung mit der Frage der Dritthaftung von sogenannten Experten und anderen Auskunftspersonen im Rahmen des § 311 Abs. 3 BGB. 2007.

Band 8 Markela Stamati: Die Anforderungen der operationellen Entflechtung nach den Beschleunigungsrichtlinien der Europäischen Kommission. Umsetzung in Deutschland und Griechenland. 2008.

Band 9 Franz Jürgen Säcker: The Concept of the Relevant Product Market. Between Demand-Side Substitutability and Supply-Side - Substitutability in Competition Law. 2008.

Band 10 Renate Rabensdorf: Die Durchgriffshaftung im deutschen und russischen Recht der Kapitalgesellschaften. Eine rechtsvergleichende Untersuchung. 2009.

Band 11 Franz Jürgen Säcker: Der beschleunigte Ausbau der Höchstspannungsnetze als Rechtsproblem. Erläutert am Beispiel der 380-kV-Höchstspannungsleitung Lauchstädt – Redwitz – Grafenrheinfeld mit Querung des Rennsteigs im Naturpark Thüringer Wald. 2009.

Band 12 Helen Mahne: Eigentum an Versorgungsleitungen. 2009.

Band 13 Franz Jürgen Säcker (Hrsg.): Russisches Energierecht - Gesetzessammlung. 2009.

Band 14 Franz Jürgen Säcker / Maik Wolf: Integrierte Energieversorgung in geschlossenen Verteilernetzen. Zum Gestaltungsspielraum des Gesetzgebers zur Neuregelung des § 110 EnWG im Lichte des Dritten EG-Energiepakets. 2009.

Band 15 Franz Jürgen Säcker (Hrsg.): Das Dritte Energiepaket für den Gasbereich. Deutsch-Englische Textausgabe mit einer Einführung. 2009.

Band 16 Franz Jürgen Säcker (Hrsg.): Das Dritte Energiepaket für den Elektrizitätsbereich. Deutsch-Englische Textausgabe mit einer Einführung. 2009.

Band 17 Thomas Dörmer: Die Unternehmenspacht. Rechtsstellung der Vertragsparteien unter besonderer Berücksichtigung der Pflicht des Unternehmenspächters zur ordnungsgemäßen Unternehmensführung sowie der Rechtslage bei Vertragsbeendigung. 2010.

Band 18 Klaas Bosch: Die Kontrolldichte der gerichtlichen Überprüfung von Marktregulierungsentscheidungen der Bundesnetzagentur nach dem Telekommunikationsgesetz. 2010.

Band 19 Geng-Sook Leem: Einheitliche Corporate Governance-Grundsätze für die Europäische Aktiengesellschaft (SE). Eine rechtsvergleichende Untersuchung anhand der Ausgestaltung der SE im deutschen und britischen Recht. 2010.

Band 20 Wiebke Gebhardt: Gentechnik und Koexistenz nach der Gesetzesnovelle von 2008: Zivilrechtliche Haftung im Vergleich Deutschland und USA. 2010.

Band 21 Cathrin Isenberg: Die Geruchsmarke als Gemeinschaftsmarke. Schutzfähigkeit und Einsatzmöglichkeiten. 2010.

www.peterlang.de